食用菌保鲜与加工技术手册

◎ 王立安　主编

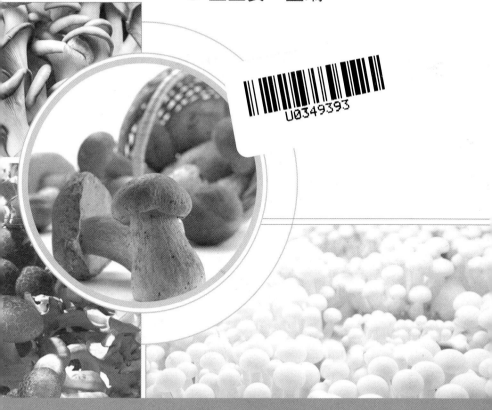

中国农业科学技术出版社

图书在版编目（CIP）数据

食用菌保鲜与加工技术手册／王立安主编 . —北京：
中国农业科学技术出版社，2020.8
　ISBN 978 - 7 - 5116 - 4889 - 1

　Ⅰ.①食… 　Ⅱ.①王… 　Ⅲ.①食用菌类 - 保鲜 - 手册
②食用菌 - 蔬菜加工 - 手册 　Ⅳ.①S646.09 - 62

中国版本图书馆 CIP 数据核字（2020）第 133081 号

责任编辑	崔改泵
责任校对	李向荣

出　版　者	中国农业科学技术出版社
	北京市中关村南大街 12 号　邮编 100081
电　　话	（010）82109194（出版中心）　（010）82109702（发行部）
	（010）82109709（读者服务部）
传　　真	（010）82109698
网　　址	http：//www.castp.cn
经　销　者	各地新华书店
印　刷　者	北京科信印刷有限公司
开　　本	880mm×1 230mm　1/32
印　　张	6.875　彩插 6 面
字　　数	205 千字
版　　次	2020 年 8 月第 1 版　2020 年 8 月第 1 次印刷
定　　价	39.00 元

《食用菌保鲜与加工技术手册》
编委会

主　编：王立安

副主编：张金秀　李守勉　赵立强

参编人员：

孙绍芳　侯金鑫　桑海波　承德森源绿色食品有限公司（河北省食用菌加工工程技术中心）

顾明德　齐建利　阜平县嘉鑫种植有限公司

王　前　张艳明　王田妹　河北省食用菌产业技术体系珍稀食用菌综合试验推广站（唐山市农业环境保护监测站）

赵书根　蒋俊杰　河北省食用菌产业技术体系香菇综合试验推广站（承德市农业环境保护监测站）

张铁军　河北省食用菌产业技术体系黑木耳综合试验推广站（承德市农业环境保护监测站）

王建伟　河北省食用菌产业技术体系双孢菇综合试验推广站（邯郸市农业环境与农产品质量监督管理站）

孟祥法　河北省食用菌产业技术体系平菇综合试验推广站（邢台市农业农村局蔬菜站）

郭庆革　赵　清　河北省食用菌产业技术体系食用菌工厂化栽培岗位（河北省农业特色产业技术指导总站）

王立安　教授，男，1965 年 4 月生人，河北定兴县人。1987年 7 月河北师范大学生物系毕业后留校任教，后在河北师范大学获得硕士学位，在南京农业大学获得博士学位，主要研究方向为食用菌菌种选育、大型真菌天然产物研究与开发（精深加工）等。现为河北省现代农业产业技术体系食用菌产业创新团队保鲜与加工岗位专家；河北省食用菌产业技术创新战略联盟理事长；中国食用菌协会、河北食用菌协会专家委员会常务委员；河北省微生物学会常务理事；河北省农业专家咨询委员会成员；河北人民广播电台特聘农业专家。完成省内课题多项。发表国内外期刊论文 80 余篇；出版专著 4 部；5 项发明专利均转让成功，已经或正在进行产业化开发。荣获河北省科技进步三等奖 2 项；河北省山区创业一等奖 1 项。2016 年，荣获河北省"五一劳动奖章"；河北省山区创业个人突出贡献奖；所带领的团队被授予"李保国式高校科技服务团队"。2017 年，被评为河北省"农业十大领军人物"。

前　言

　　近年来，我国食用菌产业发展迅速，已成为继粮食、果品、蔬菜之后的第四大产业，并在农业种植、栽培领域率先实现了"工厂化生产"。目前，我国是世界第一大食用菌生产国，年产量占世界食用菌产量的75%。资料显示，2018年，全国食用菌鲜品总产量3 842万吨，产值2 937亿元；河北省总产量为302万吨，总产值228亿元，位居全国第五。食用菌产业在推动农村经济发展，加快贫困地区脱贫致富等方面发挥了重要作用。但产量的增加势必会导致价格波动，进而影响栽培者的经济效益，制约食用菌产业的进一步发展。大力发展食用菌加工技术，延长食用菌产业链，增加食用菌产品技术附加值已成为食用菌产业发展的必然趋势。

　　按一般农产品加工技术估算，食用菌初加工后可增值3~4倍，深加工后可增值10倍以上，而经过精深加工可增值20倍以上。然而，不可否认的事实是，目前我国食用菌产品加工技术总体落后，仍处于以贮藏保鲜为主，且普及度不高；粗加工多，平均规模小，综合利用差；能耗高、效益低，深加工及精深加工产品普遍匮乏的初级发展阶段。随着社会进步和经济发展，人们生活水平不断提高，传统的食用菌干鲜品和初级加工产品已不能满足消费者的需要，亟需新型食用菌保鲜和高附加值精深加工技术产品。因此，大力发展食用菌贮藏保鲜与加工技术，延伸食用菌产业链条是推动食用菌产业健康、可持续、高质量发展的重要动力源泉。在提高资源利用率和增加社会经济效益等方面具有重要意义。

　　食用菌干品富含糖类、蛋白质、脂肪、矿物质、维生素等营养成分。其中，糖类物质是食用菌中含量最高的组分，一般占干物质总量的 60%；蛋白质含量占干物质总量的 20% ~40%，且所含氨基酸的种类丰富，一般多达 17 ~18 种，人体必需的 8 种氨基酸齐全，尤其是赖氨酸、精氨酸含量很高；脂肪含量一般只占 1.1% ~ 8.3%，且 75% 以上是亚油酸等人体必需的不饱和脂肪酸，另外还含有卵磷脂、脑磷脂、神经磷脂和多种甾醇类物质；食用菌富含 B 族维生素、烟酸、生物素、胡萝卜素、维生素 C 和维生素 E 等，其含量比植物性食品都高。此外，食用菌是一类良好的矿物质来源食物，富含钾、钙、镁、铁等元素。食用菌除营养物质含量丰富外，还含多种生物活性成分，主要有多糖、核苷类、生物碱、甾醇类、有机酸类、黄酮类（酚类）、萜类及抗生素等。正是食用菌富含的这些营养物质及生物活性成分，奠定了开展食用菌精深加工的科学依据，同时，也是常吃食用菌可以增强机体免疫力，表现抗肿瘤、抗病毒、降血糖、降血压、抗辐射、抗衰老等功能的物质基础。

从研究层面来讲，食用菌保鲜、贮藏、加工技术方法文献报道很多，但本书的编著遵循了实用的原则，结合相关最新研究成果首先重点介绍了适合食用菌生产园区的冷（冻）藏、干制、盐渍、罐头等保鲜与贮藏技术。随后，介绍了适合专业从事食用菌加工企业的蘑菇风味食品生产技术，如蘑菇酱、蘑菇香肠、蘑菇泡菜、蘑菇糖渍品等，还有以蘑菇脆片、蘑菇肉松、辣味蘑菇等为代表的即食休闲食品生产技术等。精深加工毕竟是未来食用菌加工产业的发展方向，故本书在第四章专门介绍了食用菌精深加工的原理、方法、产品现状及发展方向。考虑到家庭是食用菌日常消费的最终场所，本书最后一章专门写了食用菌家庭消费指南，详细介绍了常见食用菌、药用菌种类的营养与保健功效及家庭常见食用方法，以期普及食用菌营养知识，增进人体健康，扩大食用菌消费。

食用菌加工厂的规模可大可小，一般可根据原料来源、加工技术、产品销路、投资实力等多方权衡。现有的保鲜与加工技术、产品，既可以家庭作坊形式生产，又可建成小、中、大型加工厂，读者可根据自己实际情况定夺。

本书的出版得到了河北省食用菌产业技术创新战略联盟建设专

项基金的资助，得到了河北省现代农业产业技术体系食用菌创新团队各岗位专家、试验站及河北省部分食用菌加工企业、相关生产园区的帮助，得到了河北省食用菌加工工程技术中心的大力支持，在此一并致谢。由于时间紧，加之水平有限，文中定有不少错误，诚恳希望读者赐教。

编者

2020 年 4 月

目　录

第一章 食用菌保鲜与贮藏技术

食用菌子实体采收后，仍保持着机体的代谢能力，进行着呼吸作用和各类生物化学反应，如不进行保鲜加工处理，子实体会褐变、菌柄伸长、变色、软化，水分损失萎缩、开伞弹射孢子并腐烂，导致风味与质地等品质下降。所以，食用菌子实体鲜品具有易变质、保鲜期短的特点，大规模进行食用菌生产必须要对产品进行保鲜与加工，这样可增强抵御市场风险能力，提高自身经济收益。此外，目前我国出口食用菌产品首先要对产品进行保鲜加工处理，以利于长时间的运输。食用菌保鲜与加工技术可以延长鲜品的保质期、贮藏期，对广大消费者的食用和保障食用菌产业的健康发展具有重要意义。

食用菌产品保鲜的原则是利用活的子实体对不良环境和微生物的侵染所具有的抗性，采用物理或化学方法，使鲜菇的分解代谢处于最低状态或休眠状态，借以延长贮存时间，保持鲜嫩的食用价值和商品价值。但保鲜过程并不能使鲜菇完全停止生命活动，因此不能长期保存，只能延长食用期。

影响食用菌保鲜的主要因素有：菇体水分、温度、空气湿度、氧气与二氧化碳含量、微生物和 pH 值等。

（1）菇体水分。菇体水分直接影响鲜品的保鲜期。水分越大，越不容易保鲜。所以，采摘食用菌鲜品前三天最好不要喷水，以降低菇体水分，延长保鲜期。对采摘鲜品进行泡水增重更是不可取的。

（2）温度。鲜菇的保鲜性能与其生理代谢活动强弱有密切关系。在一般情况下，温度越高，鲜菇的生理代谢活动越强，保鲜效果越差；低温能有效地抑制各种代谢活动的进行，但也不能过低，研究表明食用菌适宜的贮藏温度为 0～3℃（草菇除外）。所以常在食用菌园区建冷库保鲜。

（3）湿度。保鲜效果与环境湿度也有密切关系。不同菇类对空气湿度的要求不一样，但总的来说，食用菌的贮藏要求高湿度，其相对湿度以 95%～100% 为宜。低于 90%，常会导致菇体收缩、萎蔫而变色、变形和变质。

（4）氧气。氧气能促进鲜菇的呼吸代谢活动，因此，极低的氧气量对食用菌的贮藏是很有利的。当氧气低于 1% 时，对开伞和呼吸都有明显的抑制作用，鲜菇贮藏要求的氧气量应低于 1%。

（5）二氧化碳。二氧化碳能抑制鲜菇的生理活动，因此，高浓度二氧化碳对食用菌的贮藏是有利的。当二氧化碳含量超过 5% 时，几乎可完全抑制菇柄和菌盖的生长，因此鲜菇贮藏要求的二氧化碳量应大于 5%，但浓度过高带来的酸度会对菇体产生危害。

（6）pH 值。当 pH 值小于 2.5 或大于 10 时，多酚氧化酶变性失活，护色效果最佳。低 pH 值还可抑制微生物的活动，防止腐败。

食用菌产品在保鲜、加工过程中，化学保鲜剂、加工设备、加工卫生环境、添加物、包装物、贮运环境和工具，都可能使食用菌产品受到污染。如添加化学保鲜剂焦亚硫酸钠等，会造成子实体硫化物超标；在加工、贮运过程中使用含铅器皿，会造成铅的污染；采用了有毒成分的塑料菌袋、食品袋、塑料膜、腌制用包装桶，其有毒成分会被菌丝和子实体吸收；罐菇、盐渍菇的加工因卫生环境不合格和操作人员不健康，可以造成病原微生物的污染。

实际保鲜与加工生产中，最重要的影响因素是护色剂、保鲜剂或防腐剂等化学物质的使用。所以，在护色、保鲜、防腐处理过程中，要尽量选用无毒或毒性较低的化学药剂。如护色剂，传统的方法均采用焦亚硫酸钠、亚硫酸钠等硫化物，护色后如漂洗不彻底，就会对人体产生毒害。因此，美国、日本等国已禁止使用。我国已开发和采用抗坏血酸即维生素 C 和维生素 E 及氯化钠即食盐等进行护色处理，取得了较理想效果，其制品色淡味鲜，对人体有益无害。有条件的最好采用辐射保鲜。辐照采用的射线多为γ射线，其穿透力很强，可杀灭菌体内外微生物和昆虫及酶活力，不留下任何有害残留物，且可节能降耗70%~90%。

从理论上来讲，食用菌保鲜与贮藏技术及原理与蔬菜、水果贮藏保鲜基本相同，主要是通过低温降低贮藏品的代谢活力、抑制微生物繁衍而实现，还可通过干燥脱水变成干品、高盐、灭菌等方法而实现。方法很多，本章主要介绍适合食用菌生产园区的冷（冻）藏、干制、盐渍、罐藏技术。保鲜与贮藏技术对食用菌鲜品销售过程中的运输、市场调节等具重要意义。

第一节 食用菌冷库保鲜技术

通常把保鲜库、冰温库、冷藏库、速冻库都统称为冷库，但它们之间还是有明显区别的。

保鲜库的库温一般在0~5℃，主要用作食用菌生产园区鲜菇的短期保鲜与贮藏。保鲜库可在短时间内最大限度地保持鲜菇原有的品质和新鲜度，菇体细胞在冷藏的过程中呼吸代谢水平被降低，进而减少营养的损耗，保持鲜活的品质。

冰温库是指通过制冷设备，将冷库温度严格控制在0℃与果蔬菌的冻结点之间的狭小温度带内，由于被保藏食品仍能保持细胞活性，且其呼吸代谢被抑制、衰老也减慢，与冷藏和冻结相比，冰温贮存的食品具有长时间保持美味的特点。因此，该技术成为仅次于冷藏、冷冻的第三代保鲜技术，近几年在水果、蔬菜、食用菌领域正逐步推广应用。

冷藏库的温度一般为-18~-15℃。一般是不定期地逐步将贮藏食品放入冷库，经过一段时间，冷库的温度达到-18℃的冷藏温度；取货也是不定期、不定时的。对这"一段时间"没有具体要求，这就是典型的冷藏库。家里冰箱的冷冻区、冰柜实际上就是小型的冷藏库。

速冻库是指将贮藏食品在 -40 ~ -35℃进行快速冻结，一般由速冻设备完成，然后转到 -20 ~ -18℃的低温冷藏库进行保存。进行速冻后的食品可长时间的储存。

一、食用菌保鲜库

食用菌保鲜库的贮藏温度一般为 1 ~ 5℃，但注意不同食用菌品种对低温的敏感度是不同的。目前，各大食用菌园区基本上均配套建设了保鲜库，其主要用途是鲜菇采收后放置 1 ~ 4℃冷库打冷，便于长途运输，同时可短期贮藏保鲜，调节市场供应。

（一）保鲜库的建造

食用菌保鲜库主要由库体、库门、制冷压缩机、冷风机、自控元件、电控系统六大部分构成。

库体通常采用钢架和聚氨酯、彩色钢板组合成的保温材料建成。

制冷压缩机多采用全封闭压缩机机组，冷风机多为吊顶式，可有效减少库内的占用容积。

自控元件和电控系统可确保保鲜库制冷的自动调节。

建设时，冷藏间的地面尽量采用耐磨损、不起灰的地面，并设计好排水设施。同时，车辆进出一定要方便。

可参照 GB 50072—2010 冷库设计规范进行建设。

（二）保鲜库使用技术要点

1. 鲜菇挑选

按食用菌品种的特征、特性，对采下的鲜菇进行挑选，剔除杂质、烂菇和死菇。

2. 排湿

刚采摘的鲜菇如含水量较高，须进行排湿处理。可用脱水机排湿，但要注意控制温度和排风量，也可自然晾晒排湿。排湿的目的是将菇体表面的水分除掉，防止降温时，菇体表面结"露水"而诱发烂菇或造成菇体本身变色。排湿处理后的菇体，含水量降至70%～80%为宜。

3. 入库保鲜

排湿后的食用菌要及时送入冷库进行保鲜。冷库温度设定在1～4℃，使菇体组织处于停止活动状态，空气相对湿度为70%～80%。

4. 分级包装

按菇体的商品级别标准要求进行分级、打包包装。大包装时，可使用透明、无毒塑料袋，装入鲜菇后抽气、密封，再移入隔热的塑料泡沫箱内，外用瓦楞纸箱包装；小包装时，要将鲜菇装于专用的塑料托盘上，排列要整齐，再用保鲜膜密封，整齐装入纸箱。保鲜膜最好采用低密度聚乙烯薄膜（PE膜），由于该材料具有优良的透气性和保湿性能，保鲜效果优于其他膜材料。

5. 运输

鲜菇装妥后要及时启运。在气温低于15℃时，可用普通车运送，否则必须用制冷车（1～3℃）运送。

（三）保鲜库使用注意事项

（1）保鲜贮藏过程中注意通风换气，控制库内二氧化碳含量不超过3%。

（2）注意冷藏的温度，不是越低越好，切忌温度低于0℃，以防冻菇。不同的温度条件下，保鲜的时间也各不相同。如香菇，1℃可保鲜18天、6℃时14天、15℃时7天，温度越高，保鲜时间越短。

（3）保鲜库温度尽量保持恒定，防止忽高忽低，进而造成菇体表面结露水。

（4）菇体温度降到1～4℃后，再进行包装，防止菇体变色。尤其是用塑料袋包装的。

（5）保鲜库消毒。保鲜库的生物污染源主要是霉菌，它们对化学消毒剂有很强的耐受力,而且在低温条件下易存活。实验证明:使用浓度为 6~120 毫克/升的臭氧连续 3~4 小时消毒,可以将包括抵抗力极强的未萌动孢子杀死。目前市售有臭氧机。消毒最好安排在进货前 3 天左右进行。在食品保鲜中应用臭氧可以起到杀菌防霉与减缓菇体新陈代谢的作用,同冷藏、空调、包装协同使用,更能提高食品的保鲜效果。

(6)冷库管理参照 GB/T 30134—2013 冷库管理规范进行。

(四) 实例——香菇冷库保鲜方法

1. 鲜菇采摘

在采收前一天停止喷水,按正确的方法采收。采收的香菇要求朵形完整,菇肉肥嫩,菌幕白色未破(七分熟)或微开(八分熟),无黏土、无病虫害、无破损、无畸形。

2. 鲜菇脱水(排湿)

如刚采摘的香菇菇体含水量过高,直接堆放或包装会因菇体缓慢代谢活动而发热升温,损坏菇质,因此,鲜菇需要脱水。出口鲜香菇因为包装形式、运输形式、贮藏时间不同,对鲜菇含水率要求也有差别。鲜香菇常用脱水排湿方式有以下 3 种。

(1)日晒降湿。将鲜菇置于晒帘上,菇盖倾斜向上均匀排列,一般秋冬晒菇 3~6 小时,春天晒菇 6 小时以上,夏天晒菇 1~1.5 小时,还要根据菇体本身含水率高低灵活掌握,以手握柄无湿润感、菌褶稍有收缩为准,一般晴天采用这种方法。

(2)回转热风排湿。菇盖向下均匀摊晒在晒帘上,置于自制 40℃ 热风回转窑中排湿,既可快速脱水,又不受气候影响。

(3)利用排湿机排湿。自动化程度高、鲜菇色泽好、排湿快、质量好,但设备投资大。

3. 冷库贮藏

排湿处理后的香菇进入冷库贮藏。适宜贮藏温度为 0~4℃,相对湿度控制在 80%~85%,库内含氧量保持在 2%~3%,二氧化碳浓度在 10%~13%,此条件下可贮藏 10~15 天。

贮藏期间，鲜菇码垛垛高不超过 6 层，离冷风机不少于 1.5 米，离库边 0.2 ~ 0.3 米，垛间距 0.6 ~ 0.7 米，通道宽 2 米为宜。

4. 包装、运输

鲜菇应有良好的包装，要选择经济实用并符合消费习惯的包装容器。可采用聚乙烯或聚丙烯薄膜包装，或根据客户要求进行包装。长途运输的包装要求材质轻韧，有一定机械强度；小包装材料质地轻而坚固，无不良气味，具有适当商品性外观。还要求有良好的通透性，一般可在包装容器上打孔，以利通风和散热。

在气温低于 15℃ 时，可用普通车运送，否则必须使用制冷车在 1 ~ 3℃ 条件下运送，产品运输时间和销售时间应在保鲜有效期内。

（五）常见菇类的冷藏保鲜技术参数

（1）双孢菇。用清水冲洗干净、沥干水分后，预冷进库。如菇体发黄或变褐，可用 0.01% 焦亚硫酸钠漂洗 3 ~ 5 分钟。

（2）平菇。入库平菇可放在筐中，上盖一层保湿布，也可放在打孔的塑料袋中入库。适宜贮藏温度为 3 ~ 4℃，相对湿度控制在 85% ~ 90%，库内含氧量保持在 1% ~ 3%，二氧化碳浓度在 4% ~ 5%，此条件下可贮藏 10 ~ 15 天。

（3）出口香菇。要求香菇形状好，肉质厚，菌盖直径在 4.5 ~ 7 厘米。新鲜香菇收获后，要排出 20% 的水分，做到香菇面白为止。经分类后，进冷库保鲜，温度要求在 0 ~ 3℃ 为标准。包装要求：一要选择好的塑料包装袋；二是鲜菇满袋后要抽真空。随后，把真空包装好的香菇放进泡沫保温箱；贴上透明胶，然后选择规格一样的纸箱进行打包。最后，用冷藏车或冷柜转运到码头。

（4）毛木耳。适宜贮藏温度为 2 ~ 4℃，相对湿度控制在 85% ~ 90%，此条件下可贮藏 10 ~ 15 天。

（5）草菇。适宜贮藏温度为 11 ~ 12℃，相对湿度控制在 90% ~ 95%，此条件下可贮藏 4 ~ 5 天。

（6）金针菇。适宜贮藏温度为 2 ~ 4℃，相对湿度控制在 85% ~ 90%，此条件下可贮藏 4 ~ 5 天。

二、食用菌冰温库

(一) 冰温库贮藏原理

冰温是指从0℃开始，到生物体冻结温度（即冰点）为止的温域。由于生物细胞中溶解了糖、酸、盐类、多糖、氨基酸、肽类、可溶性蛋白质等多种成分，冰点要低于纯水，处于 $-3.5 \sim -0.5$℃ 范围。在这样狭窄的温度带内，冷库内平均温度波动要小于1℃，最大温差要小于1℃，甚至能精准控制在储存果蔬菌的特定温度带上，所以，对于冰温控制技术来讲硬件要求是很高的。与 $0 \sim 10$℃ 的温度范围内贮藏食品相比较，在0℃以下的冰温域内，细菌的活性得到了很大控制，食品的贮藏期将比前者延长许多；又因为在冰温域内食品不冻结，细胞不会破裂，细胞液不会因解冻而流失，所以能保持食品原来特有的风味和口感。

(二) 冰温库的建造

冰温库由库体、变频器、制冷循环系统、控制系统和送风系统等组成。

库体一般采用双层夹套式结构，内、外层库体间留有空气夹层，在成本增加不多的情况下，可以有效地改善冰温库内的抗温度波动性能，有利于库内温度保持稳定。

为达到冰温库内温度场的均匀和减少死区，一般采用多联机，即在一个主机带动下，设置多个库内的冷风机，并采用吊顶送风，库内底部四周风口回风，气流沿空气夹层上升回到蒸发器，送风口下面设有静压箱层，气流在静压箱层形成较大的压力，使空气均匀地往下送风，形成活塞流，库内速度场非常均匀，没有死角产生，而且库内风速非常小，可以提高果蔬贮藏品质。

在库内不同位置共同布置多组温度、湿度传感器，所得数据传入集中控制柜进行判断，从而控制制冷机和加湿器的开启。

（三）冰温库使用注意事项

（1）使用冰温库贮藏食品，在货物入库前需要将蓄冷剂冻结，蓄冷性能关键取决于蓄冷剂冻结、融解时的放热与吸热。

（2）冰温库作为冷藏冰温食品的固定场所，须具有较高的温度均匀性和控制精度，控制温差不超过 0.5℃；冷藏温度一定要控制在冷藏食品的冰温带范围内。可通过测试确定不同食品的冰点温度，从而确定其"冰温带"，然后将该食品放置在自身的冰温带范围内的合适温度点进行贮藏。

（3）用于冰温库内的货架，必须要能够经受住低温、潮湿的环境。布局要合理，确保货架结构体系不影响冷空气流的分布、对流均匀性，即货架四周的温度波动性要尽可能小。

三、食用菌速冻库

（一）速冻库贮藏技术原理

速冻冷库是指食品迅速通过其最大冰晶生成区，当平均温度达到 –18℃时而迅速冻结的方法。速冻库的温度一般为 –35 ~ –15℃。快速冻结的食品可最大限度地保持食品原有的营养和色、香、味。大型速冻库一般作为冷库的一部分，和其他库区（低温库、阴凉库等）建在一起。

食用菌产品采用速冻保鲜不仅可使蘑菇的色泽、新鲜程度都得到保留，而且营养物质也可以最大程度的保留，是目前公认的一种较好的保鲜贮藏方法，已在食用菌加工领域逐步推广。如香菇经冰水预冷后，捞出、沥干，迅速置于 –60 ~ –50℃的超低温冰库中速冻，然后放入 –24 ~ –18℃冷库中贮藏，保藏期为 1.5 ~ 2 年。但该方法存在的缺点：设备一次性投入较大，产品成本相对较高。

（二）速冻库的建造

速冻库主要由库体、速冻机、控制系统等构成。

1. 库体

库体通常由钢龙骨和厚150毫米或200毫米、填充聚氨酯保温材料的涂塑彩钢或不锈钢保温板材建成。

2. 速冻机

速冻机类型多样，可根据需要采购。控制系统多采用微电脑控制系统，在液晶显示屏显示库内温度、开机时间、化箱时间、风机延时时间、报警指示等各类参数。

（1）箱式速冻机。是在绝热材料包裹的箱体内装有可移动、带夹层的数块平板，故又称平板式速冻器。夹层中装有蒸发盘管，管间可以灌入氨液，也可以灌入盐水，制冷剂穿流于蒸发盘管内。被速冻的产品放在平板间，并移动平板，将物料压紧，进行冻结。平板间距可根据产品的厚度进行调节。其特点是结构简单紧凑、作业费用低，但生产能力小、装卸费工。

（2）隧道式连续速冻器。是一种空气强制循环的速冻器，主要由隧道体、蒸发器、风机、料架或不锈钢传动网带等组成。通常将未包装的产品散放在传动网带或浅盘内通过冷冻隧道，冷空气由鼓风机吹过冷凝管系统进行降温，然后吹送到通道中穿流于产品之间，冷风温度为 $-35 \sim -30℃$，风速 3 ~ 5 米/秒。优点是可冻结产品范围广，冻结效率较高，冲霜迅速，冲洗方便，缺点是产品失水快。

（3）流化床式速冻机。主要由多孔板或多孔带、风机、制冷蒸发器等组成。工作过程是将前处理后的原料从多孔板的一端送入。铺放厚度为 2 ~ 12 厘米，根据产品性状而异。空气通过蒸发器风机，由多孔板底部向上吹送，使产品呈沸腾状态流动，并使低温冷风与需冻结产品全面直接接触，加速了冷冻速度。冷风温度为 $-35 \sim -30℃$，冷风流速 6 ~ 8 米/秒。一般食用菌的冻结时间为 10 ~ 15 分钟。优点是传热效率高，冻结快，失水少。

3. 速冻冷库建造注意事项

（1）速冻冷库的地基易受低温的影响，土壤中的水分易被冻结。由于土壤冻结后体积膨胀，会引起地面破裂及整个建筑结构变形，严重的会使冷库不能使用。因此，速冻冷库地坪除要有有效的隔热层外，隔热层下还必须进行处理，以防止土壤冻结。

（2）速冻冷库一般分 L、D、J 三级，库温分别是 -5～5℃，-18～-10℃和 -23～-20℃，特殊冷库可达 -30℃以下，可满足不同的需要，是贮存肉类、水产类、禽蛋类、乳制品、水果、蔬菜、食用菌等食品的理想冷库。

（三）速冻库使用

1. 要掌握速冻加工工艺的 5 个要素

（1）冻结要在 -30～-18℃条件下，20 分钟左右完成。

（2）温度迅速降低到微生物生长活动温度之下，有利于抑制微生物的活动及酶促生化反应。

（3）冻结后蘑菇子实体的中心温度要达到 -15℃以下，速冻食品内水分形成无数针状小冰晶，其直径应小于 100 微米，避免在细胞间隙形成较大颗粒的冰晶体。

（4）冰晶分布与原料中液态水分布相近，对细胞组织结构损伤很小。

（5）食品解冻时，冰晶融化的水分能迅速重新被细胞吸收而不产生汁液流失。

2. 速冻冷库使用维护注意事项

防止建筑结构冻融循环、冻酥、冻臌；保护地坪，防止冻臌和损坏；合理利用库容，不断总结、改进商品堆垛方法，安全、合理安排货位和堆垛高度，提高冷库利用率；库房要设专门小组管理，责任落实到人，把好"冰、霜、水、门、灯"五关。

（四）实例——双孢菇速冻贮藏技术

双孢菇速冻贮藏工艺流程：原料挑选→护色装运→漂洗脱硫→分级→漂烫→冷却→精选和整修→排盘→冻结→挂冰衣→包装→贮藏。

1. 原料挑选

目前速冻双孢菇主要是出口外销，必须根据出口标准严格挑选。菇体必须新鲜、洁白、完整、无病虫害、无杂质、无异味；菌盖直径在2~5厘米，圆形或近圆形，无明显畸形；菌盖表面光滑无鳞片、无斑点、无机械损伤、无开伞，但允许菌幕与菌柄即将脱离而未裂开，菌褶颜色浅粉红色；菌柄切削平整，长度约1厘米，切面无空心、无缺刻、不起毛、无变红等现象。

2. 护色装运

采收后，由于呼吸作用、蒸腾作用和酶促褐变等原因，菇体很容易失重、萎蔫、变色或变质。为有效地控制上述现象的发生，采收后尽可能在2~4小时内进行加工。如菇场离加工厂较远，采收后应立即进行护色处理，并及时装运回厂加工。

3. 漂洗脱硫

经亚硫酸盐护色处理的双孢菇，运进厂后应立即放入流动的清水中漂洗脱硫，使菇体内二氧化硫的含量降至国家规定的卫生标准（二氧化硫残留量≤0.002%）范围内。

4. 分级

一般按菌盖直径大小分为大、中、小三个级别。大级菇36~45毫米，中级菇26~35毫米，小级菇15~25毫米。由于鲜菇漂烫后菇体会收缩，所以，原料菇应比上述规格略大。

5. 漂烫与冷却

漂烫用可倾式夹层锅或连续式漂烫机，也可以用白瓷砖砌成的漂烫槽（池）通入蒸汽管漂烫。通常150千克水中每次投料15千克为宜。漂烫液可添加0.3%的柠檬酸，将pH值控制在3.5~4.0。漂烫时间依菇体大小而定，使菇体熟而不烂，放入冷水中，菇体下沉而不上浮。注意要适时更换漂烫液；漂烫后及时冷却，可将菇连同盛装的竹篓一同移入3~5℃流动冷却水池中冷却，以最快速度使菇体降至10℃以下。

6. 精选和整修

冷却后将菇倒在清洁的不锈钢台面上，人工剔除那些菇体不完整的脱柄菇、掉盖菇、畸形菇、开伞菇、变色菇、菌褶变黑菇等不合格的劣质菇；对泥根、柄长、起毛或斑点菇应进行整修；特大菇和缺陷菇，经修整后可作为生产速冻片菇的原料。

7. 排盘和冻结

整修后尽快速冻。速冻前，先将菇体表面附着的水分沥干，单层摆放于冻结盘中进行速冻。速冻双孢菇通常选用回旋输送带式速冻机。将单层摆放的菇体连同冻结盘置于速冻机入口处的不锈钢网状传送带上。传送带的运行速度，可根据排盘厚度和工艺要求进行调节。冻结温度为 $-40 \sim -37℃$，冻结时间 30~45 分钟，冻品中心温度 $-18℃$。

8. 挂冰衣

所谓挂冰衣就是在速冻后的菇体表面裹一层薄冰，使菇体与空气隔绝，防止干缩、变色，保持速冻品外观色泽，延长贮存时间。挂冰衣多在冻结机出口处的低温车间内进行。将经过冻结的双孢菇分成单个菇粒，立即倒入小竹篓中，每篓约装 2 千克，浸入 2~5℃清洁水中 2~3 秒，提出竹篓，倒出，菇体表面很快形成一层薄冰衣，厚度以薄为好。

9. 包装

为保护商品性状，便于保管和运输，通常结合挂冰衣工序同时进行包装。采取挂冰衣、装袋、称重、封口的流水作业法。随后装入双层瓦楞纸箱内，箱内衬垫防潮纸，表面涂防潮涂料，箱口用封口纸封牢固、美观。箱外印刷有品名、规格、生产日期、生产厂家等，随即搬入低温冷库（冻库）贮藏。

10. 贮藏

贮藏期冷库温度应稳定在 $-18℃$，库温波动不超过 $±1℃$，空气相对湿度控制在 95%，其波动不超过 5%。同时，速冻双孢菇应避免与有强挥发性气味或腥味的冻制品贮藏在一起。可贮藏 1~2 年。

四、冷库发展趋势

传统的气调库、普通冷藏库等虽然投资小，但存在耗电量大、存储期短，货物腐损率高、品质差等诸多缺点，节能、环保、长贮存期、高品质是冷库发展的必然趋势。传统的冷库多为装配式钢结构冷库和多层土建库，这种冷库不仅占地面积大、库容利用率低，而且自动化程度较低，需要作业人员人工搬运或驾驶叉车在库内长时间的作业。随着国家对冷库行业持续引导和监管力度加强，冷库的自动化控制技术的广泛应用，冷库设计水平的提升，中国冷库行业将会逐渐向绿色化、智能化及信息化方向发展。

当前，现代冷库的功能已经实现了由"仓库型"向"流通配送型"转变，更加注重库内物流的流畅性、货物保存的安全性以及存取的方便性。冷库的智能化和信息化技术应用，不仅提高了冷库的流通性和利用率，同时能够帮助冷库管理方实现精细化管理，提升整体的竞争力。变频压缩机和隔热材料等核心技术的应用，使冷库更加节能、库温控制更加精确、波动度更小，多温区存储、变温冷藏间等个性化需求得以实现；库架一体的结构形式，更加有效地提高了库容的利用率。从冷库制冷剂方面来看，冷库制冷系统常用的是氨制冷或氟利昂制冷系统，近几年，采用更加环保的二氧化碳冷媒或二氧化碳/氨复叠低温机组的冷库越来越多。

现代冷库技术发展很快，集专业设计、施工于一体的公司也很多，有建设冷库意愿的读者可根据具体需求，设计建造适合自己的冷库。

第二节　食用菌干制贮藏技术

一、干制贮藏原理

（一）食用菌干制概念

食用菌干制是指利用自然干燥或热能干燥法将蘑菇进行脱水处理，使其中的微生物难以在缺水、高浓度的可溶性物质中生长，从而使其可以长时间保藏。通常情况下，蘑菇干制品的含水量为7%～8%。多用于香菇、黑木耳、银耳、竹荪等食用菌子实体的贮藏。

食用菌在干制过程中，菇体中水分不断蒸发，细胞收缩。因此，食用菌干制后其重量一般仅为鲜重的3%～15%，体积仅为原来的30%～40%，并且菇体表皮会出现皱褶。

食用菌在干制过程中颜色常发生褐变现象，使菇体变成黄褐色至深褐色。褐变的原因包括酶促褐变和非酶促褐变。防止酶促褐变可以把干制前的原料经过漂烫或二氧化硫预处理，破坏酶或酶的氧化系统和减少氧的供给，从而减轻干制品颜色的变化；非酶促褐变可以通过降低烘干温度和干制品的贮藏温度来减轻颜色的变化。

食用菌一些生理活性物质及一些维生素类物质（如维生素C）不耐高温，在烘干过程中易受破坏。食用菌中的可溶性糖，如葡萄糖、果糖、蔗糖等在较高的烘干温度下容易焦化而损失，并且使菇体颜色变黑。

（二）食用菌干制方法

1. 自然晒干

就是以太阳光为热源，以自然风为辅助对食用菌子实体进行干燥。此法适用于家庭及小规模生产园区，应用较广。

2. 人工烘干

将鲜菇放入烘箱或烘房中，用电源、炭火、远红外线、微波等热源干燥，烘干后装袋贮藏。此法在专业食用菌园区中应用较多。

（三）影响食用菌干制的因素

1. 温度、湿度对食用菌干制速度有影响

在有一定水蒸气含量的空气中，温度越高，达到饱和所需的水蒸气越多，菇体干燥速度也越快；相反，温度降低，达到饱和所需要的水蒸气减少，干燥速度降低。但温度不能过高，否则会使食用菌颜色变黑，降低商品价值。湿度对食用菌干制速度有影响。温度

不变，干燥介质湿度越低，空气湿度饱和差越大，菇体脱水速度越快。提高温度，通风排湿，降低空气湿度，可加快脱水速度，使干燥后菇体含水量降到最低限度。

2. 空气流动速度对食用菌干制速度有影响

增加空气流速可以加快干燥作用，缩短干燥时间。但是，流速过大干燥虽快，但对热的利用率低，不经济，同时也增加动力消耗。因此，人工干燥机采用回流装置，可经济地利用热量。

3. 食用菌自然状况对食用菌干制速度有影响

食用菌种类，菇体质地、大小、厚薄，采摘时含水量等都与干燥速度有关。菇体质地软、菇体小且菌肉薄的有利于脱水；菇体表面积越大，接受干燥介质面积越大，蒸发速度也就越快。

4. 食用菌原料装载量对干制速度有影响

在一定体积内，原料装载量及其厚度与烘干速度密切相关。装载量越多，厚度越大，越不利于水分蒸发。装料量及装料厚度以不妨碍空气流通为原则，具体应根据烘干机容积大小、热源布局、通风设备、风的流向而灵活掌握。

（四）适合干制的食用菌种类

并不是所有蘑菇都适合干制加工，如平菇、凤尾菇、杏鲍菇、草菇、滑菇等干制后鲜味和风味均不及鲜菇好，金针菇干制前应在锅内蒸 10 分钟后再进行；松茸和榆黄蘑等一般不进行脱水保藏。而有些食用菌非常适合干制，如香菇、双孢菇、猴头、榛蘑、毛木耳、黑木耳、银耳、灵芝和竹荪等，干制后不仅不影响品质，有的还可以增进其风味与适口性。香菇的香味是在干制过程中产生的，将香菇加工成干品，不仅可提高产品香味，而且便于长期贮存。

二、食用菌自然干制方法

（一）干制场所

水泥地面或支起的纱网、晒帘等。在冬季，晒网或晒帘要加入倾斜角度，以增加阳光的照射。

（二）自然干制技术要点

（1）食用菌子实体摆放。将子实体平铺在晒干场所，注意相互不要重叠。

（2）干制过程。冬季要防止菇体受冻；摊晒过程中，要轻翻、轻动，以防破损。整个干制过程所需时间与光照强度、子实体本身的含水量密切相关。干燥速度越快，产品质量越好。

（3）方法特点。自然干制法适宜小规模生产加工，易受季节、天气变化影响。干制产品的色泽、形状、破碎率等不同时期不一样，产品质量不易稳定。

三、食用菌人工干制方法

（一）干制设备及装置

1. 热泵烘干机

热泵烘干机是当前烘干食用菌的主要机械设备，其核心部件高温热泵烘干机组主要由翅片式蒸发器（外机）、压缩机、翅片冷凝器（内机）和膨胀阀四部分组成，其工作原理是利用逆卡诺原理，从周围环境中吸取热量，并把它传递给被加热的对象。高温热泵烘干机组本质上是一种热量提升装置，广泛用于食品、药材、木材、农副产品、工业品等的烘干脱水过程中。具有能源消耗少、环境污染小、烘干品质高、适用范围广等优点。

（1）可实现低温空气封闭循环干燥，物料干燥质量好。通过设备温控装置，可使干燥室的热干空气的温度控制在 20～80℃，可满足大多数热敏物料的高质量干燥要求；同时，干燥介质的封闭循环，可避免与外界气体交换对物料可能带来的杂质污染，这对食品、药品或生物制品尤其重要。

（2）高效节能。热泵烘干机中加热空气的热量主要来自回收干燥室排出的温湿空气中所含的显热和潜热，需要输入的能量只有热泵压缩机的耗功，而热泵又有消耗少量功即可制取大量热量的优势，成就了其高效节能的特点。

（3）温度、湿度调控方便。当物料对进干燥室空气的温度、湿度均有较高要求时，可通过调整蒸发器、冷凝器中工质的蒸发温度、冷凝温度，满足物料对质构、外观等方面的要求。

（4）可回收物料中的有用的易挥发成分。某些物料含有用易挥发性成分（如香味及其他易挥发成分），利用热泵干燥时，在干燥室内，易挥发性成分和水分一同气化进入空气，含易挥发性成分的空气经过蒸发器被冷却时，其中的易挥发性成分也被液化，随凝结水一同排出。收集含易挥发性成分的凝结水，并用适当的方法将其分离出即可获得有用的易挥发成分。

（5）环境友好。热泵干燥装置中干燥介质在其中封闭循环，没有物料粉尘、挥发性物质及异味随干燥废气向环境排放而带来的污染；干燥室排气中的余热直接被热泵回收，用来加热冷干空气，没有机组对环境的热污染。

（6）可实现多功能。热泵干燥装置中的热泵同时也具有制冷功能，可在干燥任务较少的季节，利用制冷功能实现多种物料的低温加工（如速冻、冷藏）或保鲜，也可拓展热泵的制热功能在寒冷季节为种植（如温室）或养殖场所供热。

（7）热泵烘干机的适用物料广泛。适宜采用干燥的物料主要为干燥过程耐受温度在20～80℃的一大类物料，或虽然物料可耐受温度较高，但利用热泵干燥较节能或安全的物料。

（8）与其他干燥设备相比优势明显。与进干燥室空气温度小于40℃的低温干燥装置，如微波干燥、真空干燥、冷冻干燥相比，热泵烘干机初投资小于这些设备，且运行费用低；与进干燥室空气温度大于40℃的高温普通干燥装置，如空气电加热装置、燃气或燃煤热风炉、简易烘房等相比，热泵烘干机初期投资一般高于这些设备，但其仍具有能源效率高、运行费用低、综合经济性强等优势。

2. 直线式烘房

直线式烘房是简易的食用菌干燥设施，可依处理数量确定排风

扇的大小，烘房的长短、高矮和宽窄。一般采用长 5～10 米，宽
2～2.5 米，高 1.8～2.5 米的烘干室。烘干室有两种类型，一是热
交换器在烘干房内，即吸引式强制送风隧道式烘干房；二是热交换
器设在送风器前面，即塞进式强制送风隧道式烘干房。烘房内配置
简易轨道和干燥框车流水线生产。热源可采用锅炉蒸汽或热风炉。
采用塞进式烘房可配备余热回收通道，并注意在尾部适当加大排湿
风机容量，使其有足够的换气。

3. 烟道式干燥机

由热风炉、干燥室、吹风机和散热管组成。工作原理是炉膛内
燃烧产生热烟气，通过多根散热管释放热能，被吹风机送入热风
室，在水平导风板的作用下，变成平行流动热风，吹入干燥室的烘
筛，使烘筛上的食用菌脱水干燥。

4. 隧道式干燥机

由蒸汽供热系统、风运系统、运载设备和干燥室组成。工作原
理是用锅炉蒸汽通过散热器将新鲜空气加热成热风，在风机的输送
下，对静止在运载小车烘筛上食用菌进行干制。运载小车可间歇式
送入干燥房，形成连续作业。

5. 热水供热式干燥机

由供热系统炉、风运系统、运载设备和干燥室组成。工作原理
是利用热水锅炉产生的热水进入散热器以后，将流经散热器的空气
加热，在风机产生运载气流作用下，将热量传给食用菌，进而可将
食用菌水分带走，实现干制。

6. 微波干燥机

微波干燥是一种新型的干燥方式。干燥时，微波能直接作用于
介质分子转换成热能，由于微波具有穿透性，能使介质内外同时加
热，不需要热传导，所以加热速度非常快，对含水量在30%以下的
食品，干燥时间可缩短数百倍。同时不管物体任何形状，由于物体
的介质内外同时加热，物料的内外温差小，加热均匀，不会产生常
规加热中出现外焦内生的状况，使干燥质量大大提高。微波烘干设
备的特点：烘干速度快、效率高、环保节能，是响应低碳经济的新

型设备。

7. 冷冻干燥机

主要由制冷系统、真空系统、加热系统、干燥系统和控制系统等组成。工作原理是利用冰晶升华的原理，在真空的环境下，将已冻结的食用菌水分直接升华为蒸汽，达到食用菌干制的目的。

冷冻干燥后的食用菌产品养分几乎无损失，是目前果、蔬、菌最好的干燥方式，但这种干燥设备投资大，多用于高端产品和食用菌调料包的加工。

8. 食用菌干制设备选购注意事项

目前，市场上的食用菌干制设备很多，选购干制设备时要注意以下几个方面：一是要节能，以单位干菇耗电量低为好；二是考虑设备稳定性和自动化程度，自动化程度高的可省人工；三是观测烘干产品的质量，可用烘干产品均匀度、折干率、干菇的形状和色泽及香味等指标去判定、选择。经干燥处理的蘑菇片或粉，统称为脱水蘑菇。国家制定了相关产品及检测标准。

（二）人工干制技术要点

1. 食用菌子实体采收与摆放

采菇前禁止喷水。鲜菇宜当日采收，当日烘干。将子实体平铺在烘房层架上，摆放整齐，注意相互不要重叠，不要堆积，防止变质、变形。

2. 干制过程

温度逐渐上升。一般 1~4 小时在 30~40℃；4~8 小时在 40~45℃；8~12 小时在 45~50℃；12~16 小时在 50~53℃；16~18 小时保持 55℃左右；18 小时至烘干保持 60℃左右。烘干完成时，要检查水分，翻动有哗哗声时，表明菇体已干。

3. 注意事项

①在生产中如应用煤火作热源，注意热风管或烟道不要漏烟，烟气熏蒸易造成二氧化硫超标和菇体变色、异味等；②掌握火候，鲜菇不可高温急烘，否则菇体容易造成外焦里湿，颜色变深或发

黑；③烘干过程中，注意排湿、通风，防止菇体变色；④鲜食用菌在烘烤过程中，应当调换烤筛的上下、左右、前后、里外的位置，使其均匀受热，加速干燥，提高烘烤质量。

4. 方法特点

①烘干适宜大规模生产，具有干制快、质量好的优点；②烘干完的食用菌干品按等级分级、包装，一次完成，以防破碎。

（三）干制加工注意事项

1. 加工车间

应根据食用菌脱水的加工工艺流程，设置与加工能力相适应的原料预处理区、切分处理区、脱水区、挑选分级区和包装区。食用菌加工车间出入口处应设有与车间相连的更衣室、非手动式洗手设施、消毒池，应有干手设施或提供卫生合格的毛巾、纸巾。加工人员进入车间应先更衣、戴帽、换靴、洗手，并经过消毒池消毒。

清洗、切分区内水源充足，地面、窗台有一定坡度，排水通畅，无积水，在车间设置明沟排水，并在排水口设有防鼠栅栏和防虫存水弯头。地面、房顶、墙面应有防水要求。车间内的污物要及时清理。加工设备应保持清洁、卫生。

从脱水工序开始，各区域应保持相对独立，有条件的宜配备空气净化装置和温湿度调节装置。

2. 加工用水

应符合 GB 5749 规定的生活饮用水卫生标准。

3. 人员

工人上岗前应经过生产培训，掌握加工技术、操作技能和个人卫生知识；工人上岗前及每年度均应进行健康检查，取得健康合格证明后方能上岗；工人在患有传染性疾病期间，不得上岗工作；化验人员必须经专业培训取得资格后方能上岗。

4. 检验控制

应有检验（化验）室和相应的检验、化验设备，并按要求定期检定，使其处于良好状态。检验人员应对原料进厂、加工及成品出厂全过程进行监督检查，重点做好原料验收、半成品检验和成品检验工作。

5. 记录

各项检验控制应有原始记录。原始记录格式要规范，应认真填写，字迹清晰。对检验过程中发现的异常情况，应做好记录，迅速查明原因，并及时加以纠正。应建立完整的质量管理档案，设有档案柜和档案管理人员，各种记录分类归档，至少保存 3 年备查。

（四）食用菌干制品的贮藏

干制后的食用菌极易吸湿回潮、发霉变质或滋生害虫，影响商品质量。

通常的贮藏方法：趁烘烤干燥尚存余热时，迅速分级，装入塑料袋内，扎紧袋口或用烙铁黏合袋口，随即装入衬有防潮纸的木箱、纸板箱中密封。为了防止潮气侵入或虫蛀，可在箱内放置石灰包吸潮，同时放一小瓶二硫化碳，然后把箱缝用纸条封严，入库贮藏。

另一种方法：密封包装，低温贮藏法。具体做法：鲜菇干燥后，用纸箱密封包装，纸箱内衬双层防潮纸和一层塑料薄膜，干菇入箱时含水量不得超过 13%，在体积为 0.2 立方米、装菇 10 千克的纸箱内，可放 1 个盛 5～7 克二硫化碳的小瓶（开口），用以避虫。短期（1～6 个月）贮存，可置于室温 13～17℃的空调室内；长期（半年以上）贮存，置于 3～4℃的低温冷库内。空调室和低温室的相对湿度都应在 50%～60% 以下，并配有抽风机和吸潮机。在 4℃ 干冷条件下，干香菇可以存放 2 年不变色，不失味，不受虫蛀。

食用菌干品在贮藏过程中要及时检查，发现问题及时处理。

（五）食用菌干制品流通规范

1. 基本要求

（1）应对符合法规、标准要求的食用菌干制品在流通环节进行包装，并在贮存、运输、销售等流通环节中对食用菌干制品的质量安全给予保证。

（2）流通环节中包装、贮存、运输、销售、召回环节应建立控制文件，应具有可追溯性记录，包括包装人员健康状况、培训、考核、包装操作、产品出库、入库、仓库温湿度、运输人员名单、装卸时间、地点以及销售商名称、地址、销售时间等记录。

2. 包装材料

外包装材料应清洁、卫生、坚固。外包装宜采用瓦楞纸箱，瓦楞纸箱应符合 GB/T 6543 的规定。内包装材料应符合食品包装材料要求，应清洁、卫生、无污染。内包装为聚乙烯材料的应符合 GB 9687 的规定。冷冻干燥工艺制成食用菌干制品的内包装材料宜采用铝塑材料。

3. 包装场所及人员

（1）包装场所（间）在出入口处应配备更衣间（柜）、洗手消毒设施和通风除尘装置。避免对包装带来污染。包装场所（间）应清洁、卫生、干燥。

（2）包装人员应持有有效的健康合格证。应建立包装人员培训考核制度，上岗前经过技能培训。包装操作人员直接接触食用菌干制品前，应穿戴整洁工作服，清洁双手。

4. 包装管理

（1）符合质量要求的食用菌干制品才能进行预包装，食用菌干制品包装时，不同种类、同种类不同等级的食用菌干制品应分开包装，不应混装。包装过程应避免污染，脱氧剂、干燥剂等不应直接接触产品。

（2）预包装产品包装储运图示标志符合 GB/T 191 的规定，标签应符合 GB 7718 的规定。

5. 运输

（1）运输工具应清洁、卫生、干燥、无污染、无异味。

（2）运输装载前对运输工具进行检查，确认运输工具状态良好，并进行清洁。运输过程要求防湿、防潮。食用菌干制品不得与其可能造成交叉污染的产品混运。完成运输后，应立即对运输工具进行严格的清洁、消毒。

6. 销售

运输的食用菌干制产品到达经销地后，应及时入库贮存。食用菌干制品应按种类分区陈列，不得销售过期和变质的产品。

（六）常见食用菌干制方法

1. 香菇干制

（1）分级、放筛进烤房。香菇烘烤时，把刚采下鲜香菇先进行大小分级，然后分别整齐排放在竹筛上，菌柄朝下。放进烤房时，朵形大的香菇筛子放在下部，朵形小的筛子放在上部。

（2）烘烤。开始烘烤时，完全打开进气孔和排气孔，温度控制在35℃，大约2小时后，把温度调到40℃左右，维持1~2小时，再把温度调到45℃，此时进气孔和排气孔关闭1/2，烤到干，4~6小时，最后把进气孔和排气孔完全关闭，温度调到60~65℃，最后再烤1小时。等温度降下来后，趁热用塑料袋分装。按照此法，烤出来的香菇色泽、气味与朵形都很好。

（3）注意事项。干制初期，由于菇体水分大量蒸发，烘房内空气相对湿度急剧增高，必须加强排风才能加速烘干过程，当空气相对湿度达70%，打开进出气孔，以10~15分钟为宜；在干制中期，由于烘房内不同位置的烤筛受热不匀，为此要倒盘，方法是将架下部第1、第2层烤筛与架中第4~第6层烘筛互换，在换时可抖动筛或将菇体翻动一下；烘房温度最高不能超过65℃，否则菇盖变黑，菌褶倒伏弯曲。看火力是否适合，可用手摸菇筛上的鲜菇，可以感到菇上方湿热而不烫手，表明火力适宜；为了缩短烘烤时间，在烤到八成干时，可停止加热一段时间，让烘房温度降到35℃左右，然后再加热到65℃，这样可以缩短干燥时间2小时；大部分香菇都已干燥时，可取出烘菇房挑选，将部分没干透的厚菇再用小型烘笼烘干，干燥后的香菇含水量在12%左右。

2. 黑木耳干制

（1）晴天晒干法。选择通风透光良好的场地搭载晒架，并铺上竹帘、晒席或透气网筛等；将已采收的黑木耳剔去耳根基部和杂物后，薄薄散摊在晒席上，在烈日下，暴晒 1～2 天，用手轻轻翻动，干硬发脆，有哗哗响声时，表明已干。但需注意，在未干之前，尽量不要用手去动，以免形成"拳耳"，同时当含水量达到 12% 时，即可进行包装贮藏销售。

（2）机械脱水法。如栽培黑木耳规模较大或者赶上连雨天，不能及时自然干制，就需要采用机械脱水干制的方法。最好先将鲜黑木耳放在帘子上在太阳下晒 3～5 小时，然后再进入烘房内烘烤。当鲜木耳进入烘干室后，由于含水率较高，使烘干室内的相对湿度急剧升高，甚至达到饱和的程度。当烘干室内的相对湿度超过 70% 时，应及时打开气窗和排风扇进行通风排湿。另外烘干的起始温度应该在 35℃，如果起始温度过高，排湿不够，容易造成耳片卷曲和不规则收缩。在 35～40℃ 下烘烤 4 小时后，就可以升高到 45～50℃，再经过 4 小时，升高温度到 55～60℃，一般烘干时间在 12～16 小时。在干燥过程中还要根据天气变化及时调整加热和通风条件。

3. 羊肚菌干制

近年来，随着羊肚菌人工栽培技术的突破，种植规模和栽培效益也稳步提高，但由于羊肚菌鲜品货架期短，需要进行干制处理，烘干为羊肚菌干制的主要方法。烘干工艺不同对羊肚菌品质影响较大，烘干方法不得当会导致羊肚菌干品色泽、香味、外形均存在缺陷，导致羊肚菌品质及售价大幅度下降。现将羊肚菌烘干关键技术介绍如下。

（1）适时采收，严格规范采收。适时采收是加工优质干羊肚菌的关键环节之一。采收过早会导致产量低、品质差，采收过晚则菌盖易碎且营养成分降低；羊肚菌菌盖棱纹与凹坑明显、菌盖颜色由灰褐色变为黄褐色或黑色时为适宜采收期。采收时用剪刀或刀片沿菌柄基部采下，采大留小，确保菇体不带泥土。采收用的篮子（或筐）底部应铺放干净、柔软的卫生纸或茅草等物品，将羊肚菌按顺序整齐排放，尽量轻拿轻放，且每篮（或筐）放菇量不要太多，避免菇体表面受压损而导致品质下降。

（2）烘干前处理。烘干前需对羊肚菌菌柄进行修剪，菌柄长短应根据子实体形态、菌肉薄厚等具体情况来确定。根据修剪菌柄剩余长度，一般分为剪平脚、剪半脚、留全脚三种方法。剪平脚一般用于菇体个大、色深、尖顶、菌肉厚而紧实、菌盖高5厘米以上的羊肚菌，留0.5厘米左右长菌柄，切口剪平，即为平脚菇，此类菇价格最高；剪半脚适用于菌盖大、色深，菌盖高度3~5厘米，但菌肉薄、松软的羊肚菌，剪去羊肚菌菌柄的一半，留1.5~2.0厘米长的菌柄；留全脚适用于羊肚菌菌盖长度小于3厘米，且菌肉薄、菌柄长的羊肚菌，剪去带泥土部分，菌柄尽可能留长一些，即留全脚。

（3）装盘。将前处理好的羊肚菌按大类均匀排放于烘盘上，不可重叠摆放。将烘盘推入烘箱内，关闭箱门开始加温。一般于羊肚菌采收后6小时内进行烘干，如果有冷藏条件，保存时间可适当延长，但一般不超过24小时。

（4）控温。设定起始烘干温度为35℃，湿度控制在70%以内，维持3小时左右。低温有利于羊肚菌定型、护色，可使子实体形状饱满。

（5）升温排湿。采取缓慢升温的方法，每隔2小时、烘房温度升高3~5℃；温度上升至45℃时，排湿使烘房湿度控制在55%左右，维持约2小时。此时菇体水分开始减少，收缩明显，手捏不会有水滴下。

（6）强化烘干排湿。烘房温度升至48~50℃，湿度控制在35%左右，继续烘烤3~4小时，进行强化烘干、排湿，直至菇体基本干透。但此时尚未完全干透，手捏菌柄与菌盖结合处发软。

（7）高温干燥。最后将温度上升至53~55℃，湿度降至15%以内，进行高温干燥，直至羊肚菌彻底干燥，菇体含水量小于12%。

（8）回软。羊肚菌烘干完成后，不要急于马上装袋，在空气中静置 10 ~ 20 分钟，使其表面微微回软，以免在装袋过程中因过脆导致菇体破碎。

（9）包装。回软后的羊肚菌，要迅速按等级装入密封的聚乙烯树脂袋中密封保存或按客户要求装入礼品包装袋后进行装箱，为防止返潮，内放小袋安全无污染干燥剂除湿。

（10）羊肚菌等级。一等菇：尖顶、无杂质、无虫蛀、无霉变、菌肉厚、香气浓郁、朵型完整，均匀一致；菌柄长度小于 0.5 厘米，菌盖直径大于 2 厘米，菌盖长度 6 ~ 10 厘米，菌盖深褐色至黑色，菌柄白色或米白色。二等菇：尖顶、无杂质、无虫蛀、无霉变、菌肉厚、香气浓郁、朵型完整、均匀一致；柄长 1 ~ 2 厘米以内，菌盖直径 1.5 ~ 2 厘米，菌盖长度 5 ~ 7 厘米，菌盖深褐色至黑色，菌柄白色或米白色。三等菇：无杂质、有损伤、无虫蛀、无霉变、朵型基本完整、肉稍薄，菌柄长度 2 ~ 4 厘米、菌盖直径小于 1.5 厘米、菌盖长度 3 ~ 5 厘米，菌盖灰褐色、深褐色至黑色，菌柄白色或黄白色。等外品：无杂质、朵型破损不完整，无虫蛀、无霉变、无异味、有香味，肉薄，允许有少量白菌霉斑；菌盖灰褐色、深褐色至黑色，菌柄白色或黄白色。废品：主要指白霉病、红根病的病菇，贮存不当发霉、虫蛀的子实体。

第三节　食用菌盐渍贮藏技术

一、盐渍贮藏技术原理

食用菌盐渍是指将鲜蘑菇煮熟、冷却后，放入高浓度的饱和食盐溶液中，利用食盐溶液具备的高渗透压，渗出蘑菇组织细胞中的水分和可溶性物质，而后在盐水逐步渗入蘑菇内部的状态下，使蘑菇内的含盐量达到食盐溶液浓度。此时，蘑菇体内的微生物受高渗透压的作用而停止生长。盐渍蘑菇完成后，按照蘑菇质量等级进行分类，装入封口严密、清洁卫生的塑料桶进行保藏或运输。

盐渍贮藏在食用菌产业发展初期应用较多，特别是当鲜菇销售不畅、价格偏低，或需要长期保存待售时，盐渍加工是最简单有效的办法。但由于盐渍品食用时要脱盐，营养损失较多，目前已被清水罐头等技术代替，只在个别地区、个别品种仍有应用。

二、盐渍贮藏技术要点

（一）主要工艺步骤

1. 采收

要严格把握食用菌的采摘时机，在开伞之前进行采摘，并且采摘时要尽可能保持原材料的完整性。

2. 择选和分级

对采摘后的食用菌进行挑选，将畸形、有病虫害、长斑点及已经出现腐烂的菇挑出，并将食用菌中混入的泥土和杂质剔除。然后，依据生产和销售的具体要求进行分级。需要注意的是，择选和分级过程的时间要尽可能缩短，以降低菇体的损耗，保持菇体的新鲜度。

3. 漂洗

择选和分级之后，可以根据需求，用浓度为 0.6%～2% 的盐水对菇体进行清洗，将附着在菇体表面的泥沙和杂质尽可能冲洗干净。同时，为了防止菇体在放置过程中发生氧化和褐变，还可以用浓度为 0.03%～0.05% 的焦亚硫酸钠溶液或 pH 值为 4～4.5 的柠檬酸溶液浸泡约 10 分钟。

4. 杀青

杀青也称预煮，就是将新鲜的食用菌在开水中迅速煮熟后捞出，这样能够有效抑制氧化反应和褐变，维持菇体原本的形态，同时能够快速排出食用菌中的水分，破坏菇体细胞壁，让盐渍成分更快地渗透到菇体中。杀青所选用的容器最好用铝锅、不锈钢锅或夹层不锈钢预煮锅，容器使用前需要消毒。在锅内倒入浓度为 10% 的淡盐水,烧开后倒入鲜菇,鲜菇和水的比例约为2:5。为了使鲜菇能均匀杀青,在预煮时应该轻轻翻滚、搅动,并将水面漂浮的泡沫及时捞出。将鲜菇彻底煮熟后捞出。由于各种鲜菇自身厚薄、大小等特点不同,杀青时间也有差异,茶树菇、金针菇等的杀青时间一般在5~10分钟。而鸡腿菇、草菇、平菇及茶树菇为8~10分钟,姬松茸为10~12分钟。因此,杀青时间应灵活掌握,以煮熟为度。

5. 冷却

杀青之后的鲜菇需要立即冷却处理。如果不立刻冷却处理,热效应将一直发挥作用,会影响菇体的口感,或使菇体变质。可以将菇体放入流水中,约20分钟之后捞出,或用3~5个冷水缸进行持续轮番冷却。冷却结束后放入竹制容器中沥干,或放进周转箱中等待盐渍。

6. 盐渍

盐渍中使用的食盐以精盐为佳,也可以先利用沸水对食盐进行过滤,析出食盐中的杂质,选用过滤好的滤液。在盐渍过程中,可以逐次放入不同浓度的盐水,或者逐量放入食盐,这样更有利于保持食用菌的形态。

调整好盐水的浓度之后还需要利用柠檬酸、明矾等化学物质对溶液进行调整,从而使盐水的 pH 值达到合适的范围。准备好盐渍溶液之后,将杀青、冷却后的菇体和食盐均匀地放置在桶或缸中,铺一层菇、放一层食盐,盐的比例为菇的25%。将近装满时,倒入准备好的盐渍溶液,再在表面铺一层食盐,然后用竹制品盖住表面,并用材质干净、紧实的石块压住,让所有菇体充分浸润在溶液中。

7. 翻缸

翻缸能够使盐分更均匀地渗透到菇体中,并且能够使盐渍过程中的一些有害气体顺利排出。一般在盐渍第3天要进行一次翻缸,之后每隔5~7天进行一次。在翻缸的过程中要密切关注盐渍溶液的浓度,并适当进行调整。每次翻缸后要注意保持缸的密封性。一般在15~20天即可进行包装出售。

（二）注意事项

盐渍加工过程中注意事项如下。

（1）注意菇的品质。由于大多数菇在腌渍完后，还要进行细加工，如作软包装、装罐头、分装销售等，因此，好品质的菇有利销售和增加产后附加值，在选菇时，一定要选择代表本身的特性和适宜腌渍的品种。

（2）注意菇的分级。选择好品种后，在菇采摘后，一定要按国内、国际市场上通常要求的规格进行分级加工，然后再进行腌制。

（3）注意菇的颜色。各种食用菌子实体都具有自身的颜色，在盐渍水煮过程中，由于加热而造成了好多菇体变色，因此，在煮制过程中，一定要防止菇体失去自身的特性，尽量保持原有的颜色。

（4）注意菇的盐度。在盐水菇中，主要是利用饱和盐水不利于细菌的活动，而达到保持菇不变质，因此，盐的浓度一定在22~23波美度。

（5）注意菇的煮熟度。各种食用菌在杀青的过程中，一定要煮熟，忌夹生菇或熟的过度，防止夹生菇在长期贮存时烂心，失去商品价值，也防止熟得过度，使菇体发软、破碎。

（6）注意菇的杂质程度和干净度。在腌制食用菌过程中，从采摘到分级及煮制过程中，一定要注意使子实体干净、无杂质，尤其要去除培养基及幼、死菇，保持较高的商品性。

（7）在煮制中所加盐水一定要开水化盐，以防盐红菌出现。

（8）所用容器一定是不锈钢锅或铝锅，防止菇体变色。

（9）水量一定要充足，菇不超过水量的2/3。

（10）护色药剂一定要少量，不超标。

（三）盐渍食用菌脱盐方法

盐渍食用菌含盐量达20%以上，属高盐制品，在食用或作其他加工时，必须使盐分含量降低到2%以下。其脱盐方法：①将食用菌切片后，于清水中漂洗数次即可。②可先将液体葡萄糖加天然甜叶菊，接种酵母菌发酵 2 天后，再把切片的盐水食用菌浸入此发酵液中浸泡脱盐，捞出食用菌，把表面水分沥干，装入塑料袋即可食用。③还可以使用脱盐剂，以改变食用菌细胞膜的透性，析出钠离子，脱掉盐类。未经脱盐处理的食用菌，每千克含氯化钠 500 克，用 1% 的脱盐剂处理后，每千克含氯化钠可降为 68 克；用 2% 脱盐剂处理后，每千克食用菌仅含氯化钠 4 克，口感已无咸味。

三、实例——双孢菇盐渍加工技术

（一）加工原料

双孢菇、食盐、焦亚硫酸钠、柠檬酸、高锰酸钾等。

（二）加工条件

从事生产加工的人员必须身体健康，无传染性疾病，个人卫生良好；加工场地要求远离污染源，清洁卫生；漂洗池、清洗池、杀青装置、冷却装置、分级设备、挑选整理设施、定色装置、配料装置等设备不能用铁、铜等金属制品，必须用不锈钢或铝制品；工具采用竹木或不锈钢、塑料制品等容器。

（三）工艺流程

采收→修剪→护色→漂洗→增白→分级→杀青→冷却→盐渍→分拣、调酸→装桶→成品。

（四）操作步骤及技术要点

1. 采收

选择色泽好、菇体端正、组织紧密、成熟适度、菌盖直径 3~6 厘米、菌柄长度不超过菌盖直径的 2/3、未开伞、无病斑、无虫孔、无沙土杂质、无农药残留、无霉变、无异味，含水量低于 85% 的合格鲜菇。

2. 修剪

鲜双孢蘑菇要及时用刀或切根机削去菌柄基部的老化柄，削口要平齐，不能将菌柄撕裂。

3. 护色

双孢蘑菇体内富含酪氨酸与含酪氨酸的蛋白质，极易氧化褐变，褐变后不仅影响菇体外观，而且还影响风味和营养成分，降低商品品质。鲜菇采后要及时放入 1% 食盐水和 0.1% 焦亚硫酸钠（$Na_2S_2O_5$）溶液中浸泡 10 分钟进行护色处理，以防止菇体褐变、腐烂。

4. 漂洗

放入流动清水池中漂洗，将菇体表面的泥沙、杂质以及护色剂漂洗掉。

5. 增白

将漂洗干净的菇体放入 0.1% 增白剂（主要成分 $Na_2S_2O_5$）中保持 20 分钟，漂白菇体后用清水冲洗干净。

6. 分级

可参照出口鲜双孢蘑菇的标准分级，以菌盖直径作为主要标准分为 3 等，一等为 3.5~4.5 厘米，二等 3~3.5 厘米，三等 4.5~6 厘米。

7. 杀青

将菇体放入 10% 盐水中煮 5~8 分钟或放入笼中蒸 3~5 分钟，视菇体分级而定，要使菇体熟透，菌肉内外色泽一致，撕开菇柄无白心，切记蒸、煮旺火杀青时间不可过长，做到菇体熟而不烂即可。煮沸杀青时，需边煮边翻动，使菇体受热均匀并捞去水中泡沫。注意杀青时菇一定要熟透，以彻底杀死菇体细胞，迫使组织收缩固形，排出体内空气，抑制酶活动。

8. 冷却

将杀青后的菇体立即放入冷却池中或流动冷水中并适当搅拌，使菇体快速冷却，并清洗去掉杂质，保持菇体鲜艳美观。当菇体温度降至室温时方可捞出盐渍，如冷却不透即进行盐渍容易造成温度上升，导致变色或腐败。

9. 配制饱和盐水

在 100 千克水中加入食盐 23 千克，加热至沸腾，使食盐完全溶解、冷却，静置取上清液，然后，在100千克盐水中加入1千克柠檬酸搅匀即可。

10. 盐渍

先在缸（池）底部铺1~2厘米厚的食盐，然后铺2~3厘米厚冷却后的双孢菇，其上再铺一层1~2厘米厚的盐和2~3厘米厚的双孢菇，依次直至装满缸（池），最后在菇体表面铺一层盐封面，盖上一层纱布，再放一个竹帘，并用干净石块等重物压上，谨防菇体外露在空气中。一般每100千克双孢蘑菇用盐40千克，盐浓度为20~22波美度。在盐渍过程中每天检测盐水浓度，若盐水咸度低于18波美度，要及时补充盐；盐渍7天后倒缸（池）1次，盐渍20天左右即可取出装桶。

11. 装桶

先将包装桶清洗干净，用0.1%高锰酸钾（K_2MnO_4）溶液消毒，再用清水冲净消毒液，将盐渍好的菇体捞出来放在分拣台上，沥水20分钟，按上述规格分拣装桶。每桶定额装50千克或25千克，用柠檬酸调酸（pH值3.5）的饱和盐水淹没菇体，最上面加1千克盐封口，盖好内外桶盖。桶外标明品名、等级、毛重、净重以及产地，即可贮存或外销。此外，柠檬酸和维生素C合用，能起到菇体抗褐变作用。

合格的盐渍双孢蘑菇质量标准：菇体高3~6厘米，白色、无破碎、无脱帽、无开伞、无杂质、无异味、无明盐、无病虫害症状，盐水清澈透明。

第四节　食用菌罐藏技术

一、罐藏技术原理

食用菌罐藏是先把食用菌的子实体密封在容器里，然后利用高温处理将绝大部分微生物杀死，使子实体酶丧失活性，同时防止外界微生物再次入侵，从而达到在室温下长期保藏食用菌的一种方法。也就是常说的蘑菇罐头。

用于食用菌罐藏的容器要求对人体无毒害，不改变菇体的色香味，密封性好，耐腐蚀且能适于工业化生产。常用的有马口铁圆罐、玻璃罐和复合塑料薄膜装制而成的软罐头。

二、罐藏加工设备要求

目前，市场上有食用菌罐头生产整体生产线，厂家负责设计安装。

主要设备：清洗设备、螺旋连续预煮机、S形冷却流槽、网式提升机、滚筒分级分选机、定向切片机、菇片漂洗机、链板输罐机、加汁机、杀菌釜、包装机等。现将主要设备介绍如下。

（一）清洗设备

1. 洗涤水槽

洗涤水槽呈长方形，大小随需要而定。可3~5个连在一起成直线排列，用砖砌成；槽内侧贴瓷砖，槽内安装不锈钢或铝质材料滤水板，用以存放食用菌。洗涤水槽上方安装冷、热水线及喷头，用于喷水洗涤食用菌，并安装一根水管直通到槽底，用于洗涤不需要喷洗的原料。在洗涤水槽上方有溢水管，下方有排水管，通入压缩空气使水翻动，以提高洗涤效果。

2. 喷淋式或压气式洗涤机

喷淋式洗涤机是在洗涤槽内上下安装有喷淋头。原料在循环输送带上缓缓向前，由上下喷出的水冲洗。喷洗的效果与水压、喷头喷出的水量及原料间的距离有关。压力大，水量多，原料间的距离近效果好。压气式洗涤是在洗涤槽内安装许多压缩空气喷嘴，通入压缩空气将水剧烈翻动来洗涤食用菌。

（二）预煮设备

1. 夹层锅

又叫双层锅，常用于食用菌原料的漂烫、调味料的配制及煮制一些浓缩产品。可倾式夹层锅由锅体、原料盒、冷凝水排出管、进气管、压力表、倾覆装置和排料阀等组成。固定式夹层锅由锅体、原料盒、冷凝水排出管、排料阀、进气管和锅盖组成。

2. 螺旋式连续预煮机

由壳体、筛筒、钢槽、螺旋、盖和卸料装置等组成。该预煮设备的优点是结构紧凑，占地面积小，运行平稳，进料、预煮时间、温度及用水等操作自动控制，故被大多罐头厂普遍采用。缺点是对原料品种的适应性差，在进料处由于原料的上浮使螺旋中的调料系数降低，只达50%左右。

3. 链带式连续预煮机

由钢槽、刮板、蒸汽吹泡管、链带和传动装置等组成。优点是能适应多种食用菌原料的预煮。不论原料形状是否规则和在水中处于何种状态均可使用，原料预煮后机械损伤少。缺点是洗涤困难、维修不便、占地面积大。

（三）切片设备

1. 食用菌定向切片机

主要由支架、出料斗、卸料轴座、圆盘切刀组、定位板和进料斗等六部分组成。切片机上有几十把圆形刀，这些圆刀由主轴驱动回转，把从料斗送过来的双孢菇等食用菌进行切片。圆刀之间的距离可以调整，以适应切割不同厚度食用菌切片需要。

2. 手工操作的切片机

设备简单，价格低廉，单机每人每天可加工鲜香菇 500～550 千克，而且质量好。在香菇加工上大量使用。

（四）杀菌设备

目前，生产上用得较多的为连续杀菌设备，由进罐机构、运输装置、机械传动和安全装置、加热杀菌装置、冷却装置、出罐装置和自控系统等组成。

1. 立式杀菌锅

操作是间歇性的，可用作常压或加压杀菌。在品种多、批量小时非常实用，普遍用于中小型罐头厂。

2. 卧式杀菌锅

容量比立式杀菌锅大，装罐容量有 600 罐/次、800 罐/次、1 500 罐/次等多种。杀菌罐用小车装入或运出，常用于大中型罐头厂，但只作高压灭菌用。

3. 超高压瞬时灭菌机

超高压瞬时灭菌机是采用蛇管式或套管式串联作业的换热器。热源使用蒸汽压力小于 0.78 兆帕，杀菌温度可达 115～135℃，杀菌时间 3 秒左右，杀菌后液体冷却温度小于 65℃。优点是由于杀菌温度高、时间短，对营养物质的破坏损失小。

4. 超高压灭菌设备

超高压食品灭菌的原理是将食物置于超高静水压力下处理一定时间，利用压力进行杀菌、钝化活性酶、物料改性与熟化等，以达到食品加工的目的。超高压杀菌的可能原因是在施压阶段和压力释放瞬间对菌体细胞结构和生理代谢的破坏，导致微生物死亡。超高压杀菌速度快、效率高。在超高压加工过程中，尽管需要非常高的压力，但与高温处理不同，食用菌中的风味成分不会降低，因为压力对以小分子结构为主的风味成分不会造成影响。超高压技术在食用菌产品杀菌、钝化内源性酶类、保持营养成分与品质、多糖与多肽等功能成分提取以及孢子破壁等方面的应用，显示了诱人的前景。超高压技术是食品加工的尖端技术之一，是对以热力加工为主导的传统加工方式的重大变革，不仅有利于保持食物的营养和风味，而且能耗低，代表了食品非热加工的发展方向。

5. 微波高温灭菌设备

微波是指频率比高频还要高的电波，能以光速向前直进，当遇到物体阻挡时就引起反射、穿透和吸收等现象。但微波加热后的食品，其酚酸类和黄酮类物质的含量可能出现下降，同时，可能会影响食品的抗氧化等生物活性。

德国贝尔斯托夫机械制造公司新近研制成功微波混合室系统，利用微波对食品进行杀菌处理，效果十分理想。微波混合室系统由附有相应电源设备的微波发生器、波导管连接器及处理室三部分组成。该杀菌处理系统能够以食品内极其微小的温度差异，对连续流动的食品进行快速的加热处理。在处理室内，微波的能量可以均匀地分布于被处理的食品上，加热到 $72 \sim 85 \, ^\circ\!\mathrm{C}$ 的灭菌温度，时间保持 $1 \sim 8$ 分钟，然后送入隧道至冷却室，在贮藏之前将温度降至 $15 \, ^\circ\!\mathrm{C}$ 以下。微波杀菌适用于已经包装的面包片、果酱、香肠和锅饼等食品，它的保存期可长达 6 个月。可以肯定，未来在食用菌加工领域也可应用。

（五）装罐与包装设备

1. 定量装罐机

主要由进出罐转盘、活动阀门、放料阀门开启装置、定量杯、轴、圆锥体、主轴、料斗、旋转圆盘、套轴、支架、星形轮、固定圆盘、主轴、开阀门小轴、关闭销杆和挡板等组成。

2. 高压蒸煮袋包装设备

主要由空袋箱、空袋输送装置、回转式装料机、手工排列装置、活塞式液体装料机、蒸汽汽化装置、热封装置、冷却装置、杀菌车、杀菌锅、干燥器、控制台和输送器等组成。

3. 台式真空包装机

主要由真空槽盖、封口支承、加压装置、真空回路、转化阀、包装体、台板、加热杆、变压器和真空泵等组成。

（六）封罐设备

1. 半自动封罐机

工作特点是人工加盖，并将罐头紧压在封罐机压头和托底板或升降板之间，然后封罐。其卷边密封方式有两种类型：①罐头本身随压头自转；②罐头固定在压头和托底板之间不能转动。后一种类型对密封多汤汁罐头较为适宜。因为罐身不转动，可避免罐内汤汁在离心力作用下外溅而造成产品净重不足。

2. 自动封罐机

有多种类型，如单封头、双封头、四封头、六封头或更多封头的全自动封罐机，封头越多生产能力越高。目前国外高速的封罐机（如美国制造的安基拉 120L 型封罐机），能封各种大小型号的罐头，封罐能力高达 1 200 罐/分钟。

3. 真空自动封罐机

特点是密封罐头进入封罐机的密封室中，由连接在真空泵上的管道把罐内空气抽出，而后再进行密封。该机在有罐有盖时封盖，有罐无盖时自动停机，过载时自动停机，真空不足时不能启动和自动停机等自控装置，生产能力为 50 罐/分钟。适用于最大对角线为 130 毫米，罐身高度为 22～96 毫米异型罐。这种封罐机具有结构简单，维修操作方便，体积小，重量轻等优点。

三、罐藏加工技术要点

（一）蘑菇罐头制作的一般工艺

原料菇的验收→漂洗→预煮→分级→装罐→加汤汁→预封→排气封罐→杀菌冷却→揩听→检验→包装。

（二）蘑菇罐头的主要类型

1. 马口铁罐头

加工后的蘑菇贮藏在由两面镀锡的低碳钢板做成的镀锡罐内，

具有耐腐蚀性、耐压性和使内容物不变质等特性。但对蛋白质较多的食品易发黑，卷边易暴露，锡铁易被溶解，所以用于含酸或蛋白质较高的食品时，其内壁应涂无毒、无味、与食品不起反应，耐机械作用的抗酸、抗热涂料，如油树脂涂料、乙树脂涂料等。

2. 玻璃罐头

加工后的蘑菇贮藏在玻璃罐内，该罐是由加热溶化的中性硅酸盐溶液经过冷却造型、退火等工序制成的，适合各种食品包装容器。优点：①化学惰性，不与内容物反应；②透明，便于顾客选择，硬度高，不变形；③密封性好，可以重复使用；④原料丰富、成本低。缺点是：①重量大；②易破碎；③开罐难；④怕光的营养物质易破坏。

3. 软包装罐头

加工后的蘑菇贮藏在聚烯烃类塑料袋或采用各种纸石蜡黏合剂等制成的各种类型的食品包装容器中。软罐头具有杀菌时传热速度快；封口简便牢固，微生物不易侵入，贮存期长；不透气及水蒸气，内容物几乎不发生化学作用，能较长时间保持内容物的质量；开启方便，包装美观等优点。

（三）蘑菇罐头生产各环节技术要点

1. 原料菇的验收

多数鲜菇采收后易变色、开伞，因此做罐头原料的鲜菇从采收后到装罐前的处理要尽可能地快，以减少在空气中的暴露时间。为了确保罐头质量，验收时要按照罐头规格要求严格进行验收，验收后立即浸入2%的稀盐水或0.03%的焦亚硫酸钠溶液中，并防止菇体浮出液面，迅速运至工厂进行处理。

2. 漂洗，也叫护色

采收的鲜菇应及时浸泡在漂洗液中进行漂洗。目的是洗去菇体表面泥沙和杂质，隔绝空气，抑制菇体中酪氨酸氧化酶的氧化作用，防止菇体变色，保持菇体色泽正常；抑制蛋白酶的活性，阻止菇体继续生长发育，伞菌保持原来的形状。漂洗液有清水、稀盐水

（2%）和稀焦亚硫酸钠溶液（0.03%）等。为保证漂洗效果，漂洗液需注意更换，视溶液的混浊程度，使用1~2小时更换1次。

3. 预煮（热烫），即杀青

漂洗干净后的鲜菇及时捞起，用煮沸的稀盐水或稀柠檬酸溶液等煮10分钟左右，以煮透为度。预煮目的是破坏菇体中多酚氧化酶的活性，抑制酶促褐变导致的变色；排除菇体组织中的空气，防止菇体被氧化褐变；杀死菇体组织细胞，防止伞状菌开伞；破坏细胞膜结构，增加膜的通透性，以利于汤汁的渗透；使菇体组织软化，菇体收缩，增强塑性，便于装罐，减少菌盖破损。预煮完毕，立即放入冷水中冷却。预煮后蘑菇流出的汁液可做罐头的填充液，使罐头产品保持较好的香味。

4. 分级

为了使罐头内菇体大小基本一致，热烫、冷却后的蘑菇装罐前仍需进行分级。分级标准参照商家要求或相关标准要求进行。人工或机器分级均可。

5. 装罐

处理好的菇体要尽可能快地进行装罐，以防微生物再次污染。装罐时要注意菇体大小、形状、色泽尽可能一致。装罐有人工装罐和机械装罐。装罐量力求准确，并留有一定顶隙。所谓顶隙是指罐内菇体面与罐盖之间的距离。

6. 加汤汁、护色

菇体装罐后，再注入一定汤汁。加汤汁一般采用注液机。加汤汁目的是增进风味，提高菇体罐的初温，改变罐内传热方式，缩短杀菌时间，提高罐内真空度。汤汁的种类、浓度、加入量因食用菌种类不同而有所差异。常用精制盐水和柠檬酸调酸的食用盐水。汤汁温度要求80℃左右。

7. 预封

原料装罐后，在排气前要进行预封处理，以防止加热排气时灌内菇体因加热膨胀落到罐外、汤汁外溢等现象发生。预封使用封罐机，封罐机的滚轮将罐盖的盖沟与罐身的身沟初步钩连起来，钩连的松紧程度以罐盖能沿罐身自由旋转为宜，但罐盖不能脱离罐身，以便在排气时让罐内空气、水蒸气等气体能自由地由罐内逸出。

8. 排气和密封

为防止罐内嗜氧细菌和霉菌的生长繁殖，防止加热灭菌时因空气膨胀而导致容器变形和破损，减少菇体营养成分的损失等。罐头在灭菌前要尽量地将罐内空气排除。排气常用方法有加热排气法和真空封罐排气法。

9. 灭菌和冷却

食用菌罐头经高温灭菌后要快速冷却到40℃左右。将罐头灭菌过程中的"升温阶段—恒温阶段—冷却阶段"的主要工艺条件按规定的格式写在一起称为杀菌式。如净重850克装罐罐头杀菌式：15′—27′—30′/121℃。这三个阶段对灭菌和食用菌的色泽、组织结构、风味和营养成分等都有一定的影响。食用菌罐头灭菌一般采用高温、短时灭菌，并尽量缩短升温时间和冷却时间，以减少对营养成分的破坏。为了缩短升温时间，要求罐内原料的初温即灭菌前罐内菇体和汤汁的温度要高，应在罐头排气封罐后，初温较高时立即进行灭菌。灭菌后的罐头应立即冷却，终止高温对菇体的继续作用。如果冷却不够或冷却时间过长，罐内菇体的色泽、组织结构、风味和营养成分均会进一步受到破坏，也会使罐内残余的嗜热性微生物繁衍。

要根据产品的pH值和包装材料的耐热能力选择适宜杀菌条件，灭菌条件的选择和实际操作是蘑菇罐头制作成败的关键环节。既要杀死所有致病菌、产毒菌和引起食用菌腐败的菌，又要尽可能保持食用菌的形态、色泽、风味和营养成分。如果灭菌的温度高、时间长，虽可以彻底杀菌，但对营养成分的破坏过多；灭菌的温度低、时间短，对营养成分破坏少，但杀菌不彻底。

综合考虑以上各种因素，食用菌罐头的灭菌条件一般为：含酸较高的罐头（pH值小于4.5），采用常压、沸水煮烫灭菌10～30分钟；含酸少（pH值4.5以上）的罐头采用高温灭菌，蒸汽压力为0.098～0.118兆帕，时间是40～90分钟。

10. 擦干、装箱

将冷却后的软包装袋或罐表面水分擦干，再装箱入库或入市销售。

（四）蘑菇罐头等级及质量评价标准

参照 GB/T 14151—2006 蘑菇罐头标准，蘑菇罐头分为优级和普通级，每一级中又分了整菇、钮扣菇、特片菇、片菇、帽菇、扣片菇等，下面介绍各级质量评价标准。

1. 感官评价指标

（1）优级。色泽淡黄色，片菇和帽菇菌褶允许稍带浅褐色；汤汁清晰，呈淡黄色；具有用鲜蘑菇加工的蘑菇罐头应有的滋味和气味，无异味。

整菇：柔嫩而有弹性，菌盖直径 18～35 毫米，菌盖形态完整，无畸形菇和开伞菇，菌柄切面平整，长度不超过 8 毫米，同一罐内菌盖大小均匀，菌柄长短基本一致。

钮扣菇：柔嫩而有弹性，菌盖直径 18～35 毫米，同一罐内菌盖大小均匀、形态完整，无畸形菇和开伞菇；菌柄切面平整，长度不超过 5 毫米。

特片菇：将菌盖直径 22～35 毫米的蘑菇沿菇轴平行纵向切片，片厚 3.5～5 毫米，规则片的大小和厚度大致均匀，规则片不少于固形物重的 80%，脱落或破碎部分的菌体及碎屑不超 3%。

片菇：将蘑菇沿菇轴平行纵向切片，片厚 3.5～5 毫米，规则片的大小和厚度大致均匀，无连片，规则片不少于固形物重的 60%，脱落或破碎部分的菌体及碎屑不超过 5%。

帽菇：柔嫩而有弹性，菌盖直径 30～45 毫米，同一罐大小均匀，无菌柄，菌盖形态完整，无畸形菇、机械伤、开伞菇，无氧化菇。

扣片菇：采用钮扣菇切片，菌柄与菌盖底部不超过 5 毫米。将菌盖直径 20～40 毫米的钮扣菇沿菇轴平行纵向切片，片厚 3.5～5 毫米，规则片的大小和厚度大致均匀，无连片，规则片不少于固形物含量的 60%，碎屑不超过 2%。

（2）普通级。色泽淡灰黄色，片菇和帽菇菌褶允许稍带浅褐色。汤汁较清晰，呈淡黄色。具有用鲜蘑菇加工的蘑菇罐头应有的滋味和气味，无异味。

整菇：柔嫩而略有弹性，菌盖直径 18～35 毫米，菌盖形态基本完整，允许少量薄菇、小裂口、小修整和小畸形菇，无开伞菇；菌柄切面较平整，长度不超过 8 毫米，同一罐内菌盖大小大致均匀，菌柄长短尚一致。

钮扣菇：柔嫩而略有弹性，菌盖直径 18～35 毫米，同一罐内菌盖大小大致均匀，形态基本完整；允许少量薄菇、小裂口、小修整和小畸形菇，无开伞菇，菌柄和菌盖底部不超过 5 毫米。

特片菇：将菌盖直径 22～35 毫米的蘑菇沿菇轴平行纵向切片，片厚 3.5～5 毫米，规则片的大小和厚度大致均匀，规则片不少于固形物重的 80%，脱落或破碎部分的菌体及碎屑不超过 5%。

片菇：将蘑菇沿菇轴平行纵向切片，片厚 3.5～5 毫米，规则片的大小和厚度大致均匀，无连片，规则片不少于固形物重的60%，脱落或破碎部分的菌体及碎屑不超过 10%。

帽菇：柔嫩而略有弹性，菌盖直径 30～45 毫米，同一罐大小大致均匀，无菌柄，菌盖形态基本完整，允许少量小裂口、小修整和小畸形菇；无开伞菇，有轻微氧化菇。

扣片菇：采用钮扣菇切片，菌柄与菌盖底部不超过 5 毫米。将菌盖直径 20～40 毫米的钮扣菇沿菇轴平行纵向切片，片厚 3.5～5毫米，规则片的大小和厚度大致均匀，无连片，规则片不少于固形物含量的 60%，碎屑不超过 3%。

2. 理化评价指标

（1）固形物含量大于或等于 53%。

（2）pH 值：以鲜蘑菇为原料加工的蘑菇罐头为 5.2～6.4。

（五）蘑菇罐头常见败坏现象及其原因

罐头食品败坏可分为 3 类，败坏的原因可归为理化性状变化和微生物引起的败坏等。

1. 罐形败坏

由罐头外形不正常的败坏现象，一般都可以用肉眼鉴别出来。

（1）胀罐。由于罐内食品中细菌代谢产生气体而形成的内压超过外界大气压，因而使罐头的底盖向外突出的现象。由于多为厌氧细菌，产生的气体恶臭、有毒，所以胀罐后的任何罐头食品都不要食用。有时轻微的胀罐也可能是由于装罐过量、排气不够造成的，这种胀罐一般无害。

（2）漏罐。由罐头缝线或孔眼渗漏出部分内容物的现象。可能是由于封盖时缝线形成的铁皮生锈、穿孔造成的，或者是由于腐败微生物产生气体而引起过大的内压，损坏了缝线的密封性；机械损伤也可以造成这种泄漏。

（3）变形罐。罐头底盖出现不规则的突出，呈峰脊状，很像胀罐。这是由于冷却技术掌握不当，外面消除蒸汽压过快，外冷、里热造成罐底盖不整齐地突出，冷却后仍保持突出状态。由于冷却后罐内部并无压力，如稍加压力即可恢复正常。

（4）瘪罐。多发生于大型罐上，罐壁向内陷入变形。这是由于罐内真空度过高，过分的外压造成的，属加压、冷却易产生的毛病。同变形罐引起的原因。

2. 理化败坏

（1）变色。罐头内容物菇体变色是常遇到的事，形成的原因很多。如原料在加工过程中与铜质或铁质用具设备相接触时，这些工具形成的氧化物或其盐类，溶解到食品中去，在高温杀菌过程中，食品蛋白质的分解形成硫化氢，硫化氢又与铜、铁化合物反应形成黑色的硫化铜或铁。

（2）异味。罐头食品常有发生异味的现象。在原料准备、操作处理过程中，由于卫生条件太差，过分拖延时间，在微生物的作用下，引起产品异味的发生。异味也可能是容器气味的污染，金属容器接触食品带有金属味道，铁罐内部在制作中若污染机油，会带来严重的机油味道。此外，菇体也会因为酶在加热时未被破坏，在贮藏期间发生了酶促化学反应，引起菇体败坏而产生异味。

3. 微生物引起的败坏

（1）杀菌不彻底引起的败坏。杀菌不足致使某些微生物侥幸存活，在适宜的条件下就活动起来，若产生气体就可形成胀罐；不产生气体的，虽外形无变化，但可能出现酸化、异味败罐。这类败坏都是由于微生物在杀菌过程中没有完全被杀死。有的虽严格执行了杀菌操作，但由于原料过分污染而使杀菌达不到要求。这类败坏的罐头一般生长的细菌种类都很单纯。

（2）漏罐引起的败坏。封罐机的调节不当，形成缝线的缺陷；在杀菌中操作不慎，造成缝线的松弛；冷却水的过分污染，吸入污水；处理粗放，损害密封线缝等，都会引起外界微生物的再感染。

（3）杀菌前引起的败坏。在原料准备过程中需经过各种处理，但到杀菌前如拖延的时间过久，就会为各种微生物生长提供良好的培养条件，使无菌环境再次遭到破坏。杀菌只不过是停止继续败坏，而已形成的败坏则保留在罐中。

四、罐头加工实例

（一）双孢菇罐头加工技术

1. 原料准备

用于双孢蘑菇罐头加工的子实体菌盖直径要求在 20～40 毫米，未开伞之前采收。采收后的双孢菇极易褐变，应在避风处迅速削去菇柄并按原料的规格分级，轻拿轻放，快装快运，严防机械损伤。工具应保持清洁，不使用铁、铜等金属容器，以防发黑。

2. 原料的运输和保存

原料运输过程中应防止闷气、受热导致的变色、变味，还要防止吹风，以免开伞。装运时必须轻装轻卸，防止运输振动相互摩擦产生机械损伤。距离短、运输时间在 1 小时以内的，可直接运鲜菇；运输时间在 1 小时以上的，要将鲜蘑菇用 0.1% 焦亚硫酸钠浸洗一下，时间以 2～3 分钟为宜，捞出后再浸在 0.2% 的焦亚硫酸钠溶液中，浸渍 6～10 分钟取出装入聚乙烯塑料薄膜袋中，封口。然后装入木筐或塑料筐中加盖运输，筐的四壁应衬垫稻草等，以防划破塑料袋。

3. 原料标准

用于加工的整菇要求菇色洁白、无严重机械伤和病虫害；菌盖直径为 18～40 毫米；菌柄切削良好，不带泥根，无空心，柄长不超过 15 毫米。菌盖直径 30 毫米以下的菌柄长度不超过菌盖直径的 1/2。加工片菇和碎菇的原料要求菇色洁白，无严重机械伤和病虫害，菌褶不得发黑。若加工原料集中到货，不能及时加工，应放入 2～4℃的冷藏库内贮存。

4. 漂洗

将鲜菇干运模式运来的蘑菇倒入 0.03% 的焦亚硫酸钠溶液中，轻轻地上下翻动，洗去泥沙、杂质以及菇体表层的蜡状物、脂质等。漂洗 2 分钟后，捞出放入流水中洗净。

5. 预煮

（1）夹层锅预煮。采用 0.1% 柠檬酸溶液，菇与水的比例为 1:1.5，煮沸 9～10 分钟后取出冷却。预煮液使用三次，第二次再加一半的柠檬酸量，第三次加第二次的一半。

（2）预煮机生产。先配制 0.1% 的柠檬酸溶液，加热煮沸，待机器至正常转速后，从漂洗池内均匀地送蘑菇进预煮机，每 0.5 小时加一次柠檬酸，浓度控制在 0.1% 左右。水与菇之比约 3:2，继续煮沸直至煮透为止，共 8～10 分钟。大号蘑菇如预煮不透，可在夹层锅内再煮 4～6 分钟。预煮后的蘑菇立即进入冷却槽内冷却。预煮后的产品不能有积压，预煮机应经常彻底清洗。

6. 分级

冷却后的蘑菇连续均匀地进入分级机分级。常采用滚筒式分级机进行分级，小厂也可采用人工分级。

（1）滚筒式分级机。物料在滚筒内滚转和移动，并在这过程中分级。主要由分级滚筒、支撑装置、传动装置、收集料斗和清筛装置五部分组成：①分级滚筒是该设备的主要构件，用 1.5～2 毫米的不锈钢板冲孔后卷焊成圆柱形转筒；②支撑装置，由滚圈、摩擦轮、机架和轴承组成；③传动装置，目前广泛采用的传动装置是摩擦轮；④清筛装置，工作时原料应通过滚筒相应孔径的筛孔流出，才能达到分级的目的，但筛孔往往被物料堵塞而影响分级效果。因此，要根据分级物料的实际情况，安装清筛装置，将堵在筛孔中的蘑菇挤回滚筒内。

（2）手工分级。在生产规模不大或机械设备较差时常用手工分级，同时可配备简单的辅助工具，如圆孔分级板、双孢菇大小分级尺等。分级板由长方形板上开不同孔径的圆孔制成，孔径大小视不同食用菌种类而定，通过同一圆孔的算一级，但不应往孔径内硬塞下去，以免损伤食用菌。

按加工罐头的规格要求进行分级，一般将蘑菇分成纽扣蘑、整菇、片菇、碎菇四个规格。菌盖直径 1.5 厘米左右为一级菇；直径 2.5 厘米左右为二级菇；直径 3.5 厘米左右为三级菇；在 4.5 厘米以下的用于加工片菇，纵切，厚度 3.5~5 毫米，厚度较均匀；直径超过 4.5 厘米以上的大菇、脱柄菇等可供加工碎菇用。

分级后的蘑菇应存放在带水的容器内。严禁未冷透的蘑菇离水堆积，也要防止浸泡在温水中。

7. 装罐

可采用马口铁罐、玻璃瓶罐或软包装袋。装罐前应严格进行检查，剔除不合格的空罐，然后在 90~95℃ 热水中洗净，倒置于洁净的架子上沥干备用。装罐前用清水将蘑菇漂洗一次，漂去碎屑，漂洗后沥干水分，根据大小、品质级别分别装罐。

8. 加汤汁、调 pH 值

汤汁配方是精盐 2.3%~2.5%，柠檬酸 0.05%。加汤汁时汤汁温度应在 80℃ 以上，加入后罐头中心温度在 50℃ 以上。为保持双孢菇罐头的色泽明亮，可在每 500 克罐头中添加 0.5~0.6 克维生素 C，并将汤液的 pH 值调节到适当的范围。pH 值不同时，所采用的包装材料和杀菌方法就不同。这里介绍两种酸度条件。第一种酸度条件：先将汤液的 pH 值调节到 3.4~4.4，然后将汤液添加到蘑菇罐头中，使成品经过一段时间平衡后的 pH 值保持在 5.8 ~ 6.4。蘑菇与汤液的比例大约为 6:1。若 pH 值过高，可加入柠檬酸液进行调整。采用这种酸度的，要选用耐 121 ~ 130℃ 的蒸煮袋包装。第二种酸度条件：柠檬酸添加得更多，先将汤液的 pH 值调节到 3 ~ 4，再将汤液按照 6 份蘑菇 4 份汤液的比例注入袋中，将成品经过一段时间平衡后的 pH 值控制在 3.5 ~ 4.4。采用第二种酸度条件时，可选用一般的蒸煮袋包装。

第一种酸度的软包装罐头，酸味不浓，但其有两个最大的问题，一是必须用 121 ~ 130℃ 高温的蒸煮袋包装；二是必须采取 121 ~ 130℃ 的高温高压杀菌方法进行杀菌，由于 pH 值较高，采 100℃ 以下的温度难以达到杀菌要求。一般要采用 121 ~ 130℃ 的高温高压杀菌 50 分钟，然后用反压冷却的方法进行冷却。第二种酸度的软包装罐头，可采用一般的蒸煮袋包装，但必须通过增加柠檬酸含量的办法，将成品的 pH 值控制在 4.5 以下。而这种产品的酸度高、酸味浓，产品在食用前应当用清水浸泡脱酸，然后才能烹饪食用。成品 pH 值在 4.5 以下时，可采用 90 ~ 100℃ 的温度杀菌 30 分钟，然后迅速用冷却水冷却到常温。

9. 预封、排气和密封

预封后及时排气。加热排气时，3 000 克装罐排气温度为 85 ~ 90℃，17 分钟；284 克装罐排气温度为 85 ~ 90℃，7 分钟。如果用真空排气密封，真空度在 0.035 兆帕左右。食用菌抽真空装置由真空泵、气液分离器、抽空罐组成。真空泵采用食品工业中常用的水循环式，除能产生真空外，还可带走水蒸气；抽空罐为带有密封盖的圆形筒，内壁用不锈钢制造，锅上有真空表、进气阀和紧固螺丝。

10. 灭菌和冷却

排气密封后的罐头应立即进行灭菌，采用连续式转动杀菌或高温杀菌。依罐装规格不同，灭菌工艺也不同。净重 198 克、284 克、425 克、184 克装罐，杀菌式（升温时间—恒温杀菌时间—降温时间，121℃ 为杀菌温度）是：1′—17′—20′/121℃；净重 850 克装罐，杀菌式：15′—27′—30′/121℃；净重 3 062 克、2 840 克、2 977 克装罐，杀菌式：15′—30′—40′/121℃。灭菌完毕，进行反压冷却。若不及时冷却，常会造成蘑菇组织软烂、色泽加深。

11. 揩听、检验和包装

（二）金针菇罐头加工技术

1. 原料要求

供罐头加工的鲜金针菇必须是当天采收的一级、二级菇；精盐要洁白、干燥，纯度在99%以上；柠檬酸为洁白、呈颗粒状或粉末状的高纯度结晶。

2. 原料验收与修整

未开伞、菇盖直径 0.8 厘米以下；菌柄长 10 ~ 15 厘米、上部白色、基部1/3 呈淡黄色至黄色，嫩而脆；菇形完整、无畸形、无机械损伤、无病虫斑点、无异味。整丛的金针菇，剪去菇根，再切去褐色部分，剔除不合格菇，并进行分级。

3. 护色、杀青

用 0.05% 焦亚硫酸钠溶液或 0.6% 盐水漂 2 次，再用流水冲洗多次，洗去残存的焦亚硫酸钠溶液，二氧化硫残留量不超过0.002%；金针菇洗净后，及时进行杀青处理，以杀死菇体细胞，破坏酶系统，并使组织软化，增强弹性，以便装罐。具体做法是：将鲜菇放在100℃的 0.06% 柠檬酸溶液或5% 食盐沸水中（菇和溶液比为1∶4）预煮3 ~ 5 分钟（从投菇后水沸起计时），以菇体中心熟透为准。预煮液可使用 3 次（第 2、第 3 次应适当调酸或调盐浓度）。

4. 冷却、漂洗、分级

杀青后迅速捞起，投入清水中冷却，再投入生理盐水中进行脱色，漂洗时间不超过 1 小时。拣选分级，整装菇 A 级：菇盖直径0.8 厘米以下，未开伞，柄长 13 厘米左右，色泽白色至乳黄色；整装菇 B 级：菇盖直径 1.0 厘米左右，柄长 9 厘米以上，基部色较深，但不呈褐色；段装菇：菇柄基部切下的褐色部分切段装作"肉絮"罐头，柄段的长短基本一致。

5. 装罐、注汤液

520 克玻璃罐装金针菇不得少于 290 克；260 克玻璃罐装金针菇 145 克。装罐前再次检查空罐是否干净、有无破裂。手工装罐时应注意造型美观；装好罐后及时注入 70℃ 左右的汤液，至离瓶口 5 毫米处，随即加上橡皮圈盖，但不盖紧，将罐放入排气蒸笼内加热排气。

6. 排气封罐、杀菌

采用加热排气法，当罐头瓶的中心温度达 80℃、汤液涨至瓶口、空气已被基本排除时及时将罐头放在封口机上封口。真空抽气密封时，真空度要求达到 46.67 ~ 53.33 千帕。封好口的罐放到杀菌筐内保温准备杀菌。将装有罐头瓶的杀菌筐放于高压杀菌锅内加温或通入蒸汽进行杀菌，在 98 千帕压力下保持 30 分钟，然后反压冷却。杀菌公式为：10′—30′—10′/121℃。在杀菌锅水中加 0.05% 亚硝酸钠，可以防止铁盖生锈。

7. 冷却涂漆

杀菌后的罐头，要求在 40 分钟内逐级冷却到罐内中心温度 40℃ 以下。冷却后，将罐盖、罐身的水珠擦干。国产马口铁罐盖最好涂上防锈漆保护，以免在存放时生锈。

8. 保温打检

将冷却到 35℃ 左右的罐头立即搬入保温培养室，在（37 ± 2）℃ 下培养 5 ~ 7 天。用自行车钢条逐瓶敲打罐盖检查，剔除变质漏气、浊音等不合格罐。合格者贴标签，入库存放。

9. 开罐评审

每批罐头按 1% ~ 3% 抽样，开罐品评。按照成品质量标准评比，把关要严格，保证产品质量和信誉。

第二章　食用菌加工技术

食用菌加工是指以食用菌做原料，直接研发生产可食用的食用菌加工产品或含食用菌原料的衍生食品。根据加工后食品的特点可分为蘑菇风味食品，如蘑菇酱、蘑菇香肠、蘑菇泡菜、调味品等；即食休闲食品，如蘑菇脆片、蘑菇肉松、辣味蘑菇等。

建设食用菌加工厂要注意以下几个问题。

1. 食用菌加工厂选址

（1）加工厂宜建在食用菌集中的产地，这样也可减少新鲜原料运输中的损失和浪费，保证加工产品的品质。

（2）加工厂要建在交通便利、水源充足、水质良好、燃料供应及时并且电力有保证的地方。

（3）加工厂周围要求卫生环境良好，最好不与酿造厂、养殖场、屠宰场、医院及垃圾场等邻近，以减少污染源的存在。

（4）加工厂应建成综合性食品加工企业，除了生产食用菌加工产品外，还可以生产果蔬加工及一般食品加工产品，利用食用菌生产淡季加工果蔬产品，使食用菌加工厂的资源得以充分利用。

2. 食用菌加工厂厂区布局

中小型食用菌加工厂一般由原辅料车间、加工车间、成品仓库及供（配）电室、供水及水处理设施、生活设施等部分组成。生产加工车间、原料加工车间和成品仓库布局要求相对集中，以保证不受外来干扰。锅炉用煤和排出的炉渣灰有专用的运输道路和进出口。生产区应与生活区在布局上有较大间距，厂区要求平坦、开阔，以免互相干扰。

3. 食用菌加工厂厂房设计

食用菌加工厂厂房高度为 4.5~5.0 米，室内宽敞明亮，采光及通风条件好。也可以由旧厂房改造，但要求有水泥地面及排水沟，以便清洗。门窗要求有防蚊蝇纱门、纱窗。车间内墙面要做成仿瓷涂料或加贴瓷砖。工作台面做成水磨石或贴瓷砖。厂房要求自然通风，这样能节省能源，同时要有排风扇等装置。水管、电线与供气管道要统一布局，走向合理，便于检修。

第一节　蘑菇风味食品加工技术

风味食品常指按特殊烹饪风味制作的食品，经常与当地的文化密切相关。风味食品是中国饮食文化当中极具特色的组成部分，也是饮食生活当中不可缺少的内容。作为饮食文化历史悠久的大国，中国每个地区都拥有不同口味的特色风味食品，这更是每个地区的文化特色之一，如北京烤鸭、天津狗不理包子等。由于食用菌产业发展较晚，目前仍停留在靠品种、品牌卖鲜菇的阶段，蘑菇风味食品的影响力与传统著名的风味食品相比几乎为空白，但同时表明蘑菇风味食品的研究与开发蕴藏着巨大的潜力。

一、蘑菇酱加工技术

（一）蘑菇酱制作原理

酱是我们日常生活中喜爱的调味品，可分为以小麦粉为主要原料的甜面酱和以豆类为主要原料的大豆酱两大类，制作工艺包括制曲和发酵等过程。制好的酱为红褐色、带有光泽，具浓郁酱香味。

蘑菇酱是以大豆酱和蘑菇碎料为主要原料，添加葱、蒜、姜、辣椒等辅助原料炒制而成的酱的衍生品。炒制好的蘑菇酱除具有浓郁酱香味以外，还具有蘑菇特有的风味。蘑菇酱中风味物质主要由酮类、醛类、醇类、酯类、酸类、含硫化合物等组成，其中蘑菇风味的主要挥发性成分 1 - 辛烯 - 3 - 醇的含量最高。蘑菇酱制作过程中可根据添加的调料制成各种口味，如原味、辣味、麻辣味等，深受消费者欢迎。

（二）蘑菇酱生产主要设备

夹层锅、粗磨、灌酱机、真空蒸汽灭菌机等。

（三）蘑菇酱生产的一般工艺

将大豆酱用植物油炒制→煮沸→搅匀→装瓶→封盖→杀菌→包装→冷却→成品。

（四）蘑菇酱生产技术要点

1. 原辅料及其质量要求

大豆酱：酱体呈红褐色，味道鲜美、醇厚，无其他异味。鲜蘑菇：新鲜、无腐败、无霉烂。大蒜：新鲜、无霉烂。味精：符合 GB/T 8967—2000 标准。植物油：无杂物、无异味。

2. 混料

酱与蘑菇的比例一般为 2∶1，盐添加质量分数为 7% ~8%，糖添加质量分数 6% ~7%。

3. 鲜蘑菇处理

将鲜蘑去除根部杂质，洗净，杀青 10 分钟后按 4∶2 的重量比置于绞肉机打碎；把绞碎的菇块按 2∶3 的体积比加水，用胶体磨反复研磨 4 ~5 次。为了保持营养成分，其研磨用水可用杀青水。

4. 大豆酱的炒制

将植物油加热至 180 ~200℃，放入大豆酱煸炒，待炒出浓郁的酱香味时加入磨好的鲜蘑。酱的炒制是制作过程中的关键，酱炒得轻，香味不够丰满；炒得重，会使酱变焦，味苦，影响成品的颜色和滋味。煮沸再加入味精，冷却至 80℃ 左右即可装瓶封口。这样既能抑制细菌的生长，又能为下一步杀菌做好准备。

5. 装瓶封口

采用四旋玻璃瓶进行灌装，瓶规格可为 220 克、250 克、500 克。灌装后要添加适量的芝麻油作面油，瓶口加聚丙烯膜 1 层，再用真空蒸汽灌装机封口。

6. 杀菌

将灌装好的蘑菇酱放入真空封罐机中杀菌，要求温度控制在 90℃，时间为 15 分钟或 1 千克/平方厘米的蒸汽压力下灭菌保持 45 分钟即可。

7. 产品质量标准

感观标准：颜色呈棕褐色，油润有光泽；酱香浓郁，菇香清爽鲜美，口感甘滑醇美，无苦涩等异味；稀稠合适。

理化指标：水分 40%，食盐 14%，氨基酸态氮 0.78%，总酸 1.2%，微生物指标符合 GB 2718—1996 标准。

（五）不同风味蘑菇酱配方

1. 通用蘑菇酱

大豆酱 230 克，大蒜 10 克，鲜蘑 20 克，葱 5 克，植物油 30 克，味精 3 克，食糖 5 克。

2. 麻辣蘑菇酱

（1）鲜蘑菇 7.5 千克，食盐 40 克，味精 100 克，食醋 125 毫升，白酒 100 毫升，白糖 400 克，麻辣酱 300 克，辣椒色素 35 克，高粱色素 20 克，食用琼脂适量。

（2）干香菇粒 100 克（粒径 0.3 厘米），炒酱时添加黄豆酱 70%，辣椒粉 12%，花椒粉 1.6%，食盐 1%，白砂糖 5%，小茴香粉 1%，复合鲜味剂为味精、呈味核苷酸二钠（I＋G）0.01%。

3. 香辣蘑菇酱

（1）干香菇粒 100 克，花椒 1.5 克，黄豆酱 80 克，食用盐 10 克，辣椒面 40 克，小米辣 12 克，五香粉 1 克，大蒜 14 克、生姜粉 2 克，白砂糖 2 克，菜籽油 200 毫升，干木耳 15 克，花生粒 30 克。

（2）每100克干香菇柄碎粒，需食用油60%，黄豆酱90%，辣椒8%，白砂糖8%，食盐1%，味精0.5%，香辛料1%，生姜粉1%。可制得菇香浓郁、鲜香微辣、粒粒香菇有嚼劲的营养佐餐酱。

二、蘑菇香肠生产技术

香肠是一种利用了古老的食物生产和肉食保存技术制作的风味食品。其制作过程是以猪或羊的小肠衣（也可用大肠衣）灌入调好味的肉料干制而成。中国的香肠有着悠久的历史，类型也有很多，主要分为川味儿香肠和广味儿香肠。其主要的不同处就在于川味儿是辣的，广味儿是甜的。

蘑菇香肠是借助传统香肠技术制作而成的。由于蘑菇属高蛋白、低脂肪的保健食品，在人们保健意识逐步增强的今天，此类产品具有很大的市场潜力。

（一）香菇平菇香肠

1. 原料配方

香菇24千克，平菇36千克，瘦肉21千克，肥膘肉9千克，淀粉10千克，精盐3千克，白糖4千克，硝酸钠20克，白酒2.5千克，味精300克，生姜粉300克，白胡椒粉200克，干肠衣2~2.4千克。

2. 制作方法

（1）原料整理。选用新鲜、无杂质、无病虫害的香菇子实体和较肥嫩的平菇菌柄，在热水中漂烫5~10分钟，沥干水分，绞成菇肉泥备用。将猪前后腿肉或臀部肉分割，去筋膜及结缔组织，分别用机器切成粒状，瘦肉为10~12毫米，肥膘为9~10毫米，用35℃温水洗去表面油渍、杂质及残留血水，稍加晾干备用。用直径28~30毫米的干肠衣供灌肠用。先用温水浸泡回软，沥干水分。若用鲜肠衣，须洗净，放入稀盐水中略加浸泡，将肠衣翻转，去净肠内壁黏膜，再翻转备用。

（2）灌制。将菇肉泥与猪肉碎粒放入拌料桶内，加入其他辅料和适量清水，拌匀，用灌肠机将填料灌入肠衣内。每灌 15 厘米一段用麻绳结扎，边灌边扎。用细针在每节上刺若干小孔，以利排出肠内空气和水分。

（3）漂洗。将灌制好的湿肠在温水中漂洗，清除表面油腻、余液。

（4）晾晒或烘烤。将湿肠用麻绳吊起，挂在竹竿上，暴晒 2 ~ 3 天后送到通风良好的场所挂晾、风干。若灌制后遇阴雨天则需要放到烘房内烘烤，温度为 50 ~ 52℃，烘烤 1 ~ 2 天，再挂晾、风干。

（5）保藏。成品悬挂于通风干燥处，在 10℃ 以下可保存 3 个月。

（二）香菇保健香肠

1. 原料配制

香菇 15%，瘦肉 90%，肥肉 15%，淀粉 25%，大豆蛋白、马铃薯淀粉、香菇、肠衣、水、盐、白糖、味素、亚硝酸盐、白酒、酱油、姜、乳化剂等适量。

2. 仪器设备

绞肉机、斩拌机、灌肠机、天平、电子秤、立式烤箱、电磁炉、蒸煮锅等。

3. 制作方法

制作香菇保健香肠的工艺分为两部分，首先是香菇的加工，其次是将香菇添加到香肠馅中去，然后按常规香肠加工工艺制成香菇香肠。

（1）香菇原料处理。将鲜香菇用水洗净，然后热水下锅焯 10 分钟，再将香菇捞出，淋干水分后用切丁机将香菇切成 1 厘米见方的小块。

（2）原料肉的选择和修整。选择符合卫生检验要求的鲜猪肉作为加工的原料，如需解冻，则在常温下自然解冻。

（3）低温腌制。将猪瘦肉与亚硝酸盐、食盐充分混合，猪肥肉只用食盐腌制，置于腌制室内腌制 72 小时，腌制温度为 2～4℃。瘦肉块变成玫瑰红色，且较坚实、有弹性、无黑心时腌制结束；脂肪坚实、不绵软，切开后内外呈均匀的乳白色时腌制结束。

（4）绞肉。将腌制好的肉送入绞肉机中初绞，以提高肉馅的黏度和弹性，减少表面油脂，使制品鲜嫩细腻、易消化吸收。

（5）斩拌。斩拌可以增加肉馅的保水性和出品率，减少油腻感，提高嫩度，改善肉的结构状况，使瘦肉和肥肉因充分拌匀而结合得更牢固，提高黏着性和制品的弹性，烘烤时不易出现"起油"现象。斩拌时，为防止肉温升高、微生物繁殖和品质下降，需加适量冰水，控制斩拌过程中的肉温在 10℃ 以下。斩拌时的投料顺序是：猪肉、冰水、部分调料等。

（6）混合。将香菇、添加剂和调味料（水、香辛料、乳化剂等）加适量水调匀，加入斩拌后的原料中进行混合搅拌，时间控制在 15～20 分钟，温度控制在 10℃ 以下。

（7）灌制与填充。灌制前先将肠衣用温水浸泡，再用清水反复冲洗干净，并检查是否有漏洞，然后将斩拌好的肉馅放入自动灌肠机中，套上已清洗的肠衣进行灌制。灌肠不宜太紧或太松；长度控制在 10～15 厘米；小气泡用钢针刺破后排出；用清水冲去肠表面的油垢。

（8）烘烤。灌好的肠体穿在铁钩上，送入烤炉中烘制。采用热风烘制，设置 2 段不同温度：第一阶段 55℃，烘 2 小时；第二阶段 40℃，烘 12 小时；然后冷却至室温。待肠体表面干燥、手感光滑、肠体透出微红色时，即可出炉。干燥的目的是发色及使肠衣变得结实，以防止在蒸煮过程中肠体爆裂。要求肠体表面手感爽滑、不粘手。干燥温度不宜高，否则易出油。

（9）蒸煮。烘烤后的香肠用 85～90℃ 水煮 30 分钟，使肠体中心温度达到 72℃，冷却成品。

4. 产品特点

按该方法制作的香肠，肠衣表面干爽、完整、无斑点，无黑痕及走油现象；截面颜色鲜艳，切面光滑，香菇分布均匀；肉质坚固，结合紧密，无气泡等缺陷；肉质鲜嫩，兼有香肠和香菇的特殊香味，味美适口，无酸味和异味，具有良好的口感、风味、外观和组织状态。

在香肠中添加香菇，不仅增加了香肠的营养和保健功能，降低了香肠的热量及胆固醇含量，同时减少了猪肉的用量，降低了香肠的生产成本。

（三）鸡腿菇香肠

1. 原料配方

猪肉（肥瘦比 3∶7）100 千克，鸡腿菇 20 千克，料酒 0.5 千克，酱油 0.02 千克，精盐 3 千克，白砂糖 1 千克，味精 200 克，混合香料 100 克，亚硝酸钠 15 克，葡萄糖、维生素 C 适量，冰水适量。

2. 仪器设备

斩拌机、灌肠机、粉碎机、恒温干燥箱、pH 计等。

3. 制作方法

（1）原料选择。经检验合格的猪前腿或后腿肉作为原料，剔除筋腱、血管及皮、骨、淋巴，将肉切成 5 厘米长的薄片。鸡腿菇选择菇肉厚、完整、洁白的新鲜鸡腿菇，洗净备用。

（2）腌制绞碎。将食盐、白糖、维生素 C 等均匀涂抹于肉表面，腌制 24 小时后，与其他辅料一同绞碎，放入斩拌机中斩拌，并控制肉温在 10℃ 以下。

（3）鸡腿菇的处理。鸡腿菇需经过热处理后才能添加入肉馅中。热处理通常采用热水烫煮方法，烫煮 5～8 分钟，打浆备用。

（4）搅拌。将鸡腿菇浆加入肉馅中，搅匀至黏稠状，静置片刻即可填充。

（5）填充。搅拌好的肉馅迅速倒入灌肠机中，真空条件下灌肠，然后用针刺排气。用麻绳分节，每节长 15～20 厘米。

（6）烘烤。将灌好的香肠放入烘箱中烘烤 48 小时，使肠衣表面干燥，光亮呈半透明状，烘箱温度控制在 60℃。

（7）晾挂。将制好的香肠放在通风良好的场所晾挂 30 天左右，即为成品。

4. 产品特点

该香肠肠衣干燥、完整，并与内容物密切结合，坚实而有弹性，菇肉结合紧密。无黏液及霉变；切面平整、坚实而湿润，肉呈均匀的粉红色；无腐败味、酸败味。将鸡腿菇与肉结合，经过适当配比，制成营养互补的鸡腿菇香肠来满足人体多种营养成分的需要，不仅开辟了资源利用新途径，同时亦可满足人们的饮食需要和合理的膳食搭配，具有广阔的市场前景。当然，采用其他蘑菇替代鸡腿菇制作香肠技术上是完全通用的。

（四）食用菌素香肠

1. 原料准备

新鲜香菇、杏鲍菇、肠衣、淀粉、食盐、白砂糖、姜粉、色拉油、蜂蜜、白酒、钢针等。杏鲍菇与香菇的质量比为 6∶4，淀粉添加量为食用菌总质量的 20%。

2. 制作方法

（1）原料挑选、清洗。挑选个头均匀、新鲜的香菇和杏鲍菇作为原料，用清水清洗干净后按照要求比例称取 2 种菌菇。

（2）烫漂、灭酶、沥水冷却。将称量好的香菇与杏鲍菇切成大小均匀的小块，于沸水中煮 5~6 分钟，捞出后置于纱布上沥干水分。

（3）搅碎。将烫漂冷却后的菌菇块放入组织搅碎机中搅碎，使颗粒直径小于 5 毫米。

（4）调配。将处理好的 2 种菌菇与淀粉按比例混合调匀，再加入各种调味料搅拌均匀，时间控制在 5~10 分钟。

（5）灌肠。灌制前先检查肠衣是否有漏洞，然后将拌好的原料放入自动灌肠机中，套上已清洗干净的肠衣进行灌制。灌肠不宜太紧或太松，长度控制在 10~15 厘米，小气泡用注射器针头戳破后排出，用清水清洗肠表面。

（6）烘干。将灌好的食用菌素肠挂在烤炉中进行烘制。采用热风干燥模式，设置温度为55℃烘4小时，待肠体表面干燥、光滑，肠体透出菌菇色泽时即可出炉，然后冷却至室温。

（7）包装。待食用菌素肠冷却至室温后用真空袋包装，4℃恒温保藏。

3. 产品特点

外观上，食用菌素肠表面干净、均匀饱满，与市售香肠的外观评价一致；色泽上均匀、表面有光泽；在质地上组织紧密、有弹性且有明显的纹理。在感官评价上均高于市售的猪肉肠和玉米肠；在气味上的感官评分低于鸡肉肠和玉米肠，但无明显差距。

三、蘑菇泡菜制作技术

泡菜古称菹，是指为了长时间存放而经过发酵的蔬菜。一般来说，只要是纤维丰富的蔬菜或水果，都可以被制成泡菜。日常生活中的泡菜多由卷心菜、大白菜、红萝卜、白萝卜、大蒜、青葱、小黄瓜、洋葱等制成。泡菜主要是靠乳酸菌在发酵过程中生成大量乳酸，而不是靠食盐的渗透压来抑制腐败微生物的。泡菜制作时先使用低浓度的盐水或用少量食盐来腌渍各种鲜嫩的蔬菜，再经过乳酸菌发酵，制成一种带酸味的腌制品，只要乳酸含量达到一定的浓度，并使产品隔绝空气，就可以达到长时间贮藏的目的。泡菜中的食盐含量为2%～4%，是一种低盐食品。

蘑菇泡菜是以蘑菇或蘑菇和蔬菜为原料，借助传统泡菜工艺制作而成的新型风味食品。研究表明，平菇类食用菌可成功地进行乳酸发酵，最终加工成平菇泡菜。从平菇泡菜制品的感官品质来看，姬菇泡菜不仅具有较好的外观品质，其风味、质地也优于以糙皮侧耳和凤尾菇加工的泡菜，因此姬菇更适合进行泡菜的加工。平菇发酵过程中，亚硝酸盐的含量远远低于我国关于酱腌菜的卫生标准GB 2714—2003《酱腌菜卫生标准》中规定的各类酱腌菜产品的亚硝酸盐卫生含量限量标准（20 毫克/千克），因此平菇泡菜是一种安全性相对较高的产品。

（一）平菇泡菜生产技术

1. 生产配方

小平菇或姬菇 40 千克，白菜、黄瓜、芹菜、胡萝卜、扁豆各 10 千克，白酒 1 千克，鲜姜、花椒、精盐各适量。各种原料必须新鲜、无霉变、无腐烂、无杂质。

2. 平菇泡菜生产工艺

分熟制（杀青）和生制两种。

（1）熟制工艺。平菇→选料→杀青→冷却→切块→混料→装坛（缸）→加盐水→封口→发酵→装袋（瓶）→封口→成品。

（2）生制工艺。选料→清洗→切块→日晒→配料→装坛（缸）→加盐水→封口→发酵→装瓶（袋）→灭菌→封袋（瓶）→封口→成品。

3. 平菇泡菜生产技术要点

（1）原料处理。保留菌柄 2 厘米，去掉培养基等杂物，放入水中煮沸 5~8 分钟（生制工艺不煮），不断翻动，以便受热均匀。捞出后浸于流动冷水中冷却，沥尽余水，切成 4~5 厘米的长条或薄片备用。将芹菜去掉叶和根，胡萝卜去毛根，青辣椒去掉柄和籽粒，其他原料取可食部分，去掉杂质，用清水洗净，置筛上沥干余水。

（2）切块。用不锈钢刀将芹菜切成 2~3 厘米短段，其余原料切成 4~5 厘米的长条或薄片。

（3）混料。将以上各原料置于竹筛中暴晒 1~2 小时，蒸发掉表面水分。然后在较大容器内将各种原料混匀，同时边将白酒、鲜姜丝和花椒混合。

（4）装坛（缸）。将混合好的原料装入清洗过的泡菜坛或大缸中，倒入冷却的盐水（浓度 8%）。注意盐水用量以浸没料面高出 1~2 厘米为宜。盐量太少，发酵不均，并易臭坛；盐量过多，发醉时间长，有失风味。

（5）封口。装坛后，立即加盖用水密封，保证坛内处于缺氧状态。然后将坛或缸置于 20℃下发酵，经 10~15 天发酵完毕即可食用。

（6）分装。用瓶或塑料袋分装发酵好的成品，用巴氏灭菌法处理。如有条件，可采用真空减压封口。泡菜的"老汤"要保存，可留作下次泡菜再用。既可缩短 1~2 天的发酵时间，又可节省开支，降低成本，且泡出的菜味浓、清香。

（二）黑木耳泡菜生产技术

1. 配方

黑木耳 200 克，食盐 10 克，蔗糖 10 克，乳酸菌发酵液 0.06%，可加入适量的大料、花椒、桂皮、辣椒等。

2. 生产工艺

原料选择→整理→清洗→沥干→切分→混料（加乳酸菌发酵液、盐、糖）→装坛（缸）→水封→发酵→装袋（瓶）→封口→成品。

3. 技术要点

（1）原料选择。选取鲜嫩清脆、肉质肥厚的黑木耳作为制作泡菜的原料。

（2）预处理。将干木耳浸泡在冷水中 3~4 小时，用自来水冲洗干净，剔除病虫害等不可食用部分，然后将洗净后的黑木耳放入水中加热煮熟，煮沸后将黑木耳捞出，放入冷水中冲凉，沥干水分，按食用习惯切分。盐、糖用开水煮沸，经冷却后备用。

（3）装坛。将沥干后的黑木耳平铺在泡菜坛子中；加入冷却后的盐糖水、乳酸菌发酵液和各种增进泡菜的品质及风味的辅料，然后加盖密封。

（4）发酵。将黑木耳泡菜坛子放于 30℃条件下发酵 6~7 天。发酵结束即为成品。

4. 产品质量

按此工艺方法制备的黑木耳泡菜色泽正常、无杂质异味；汤汁清亮，无霉花浮膜；具有发酵泡菜固有的浓郁香气，无不良气味；质地脆嫩，无过咸、过酸、过甜味，无苦涩味、酸败味。pH 值为 3.9，亚硝酸盐为 2.9 毫克/千克，符合相关国标要求。

四、食用菌调味品生产技术

调味品是指能增加菜肴的色、香、味，促进食欲，有益于人体健康的辅助食品。其主要作用是增进菜品质量，满足消费者的感官需要，从而刺激食欲，增进人体健康。食用菌调味品是指基于传统调味品工艺配以食用菌或以食用菌为主要原料制备而成的具有菌类物料、气味、保健功能的醋、盐、菇精粉、酱油等调味品。

食用菌中含丰富的呈味物质。挥发性呈味物质主要有八碳挥发性化合物和含硫化合物，其他的醛、酮、酸、酯类化合物对食用菌的香气起到修饰和调和作用；非挥发性呈味物质有可溶性糖、游离氨基酸、小肽和核酸代谢产物如鸟苷酸、肌苷酸等。这些呈味物质奠定了研发食用菌调味品的物质基础。

我国以食用菌为原料生产调味品，主要有以下几种：一是调味食品以微生物为动力，将食用菌及加工过程中的下脚料加工成各种香气独特、口味鲜美的调味品，常见的有蘑菇、香菇、草菇、平菇酱油、蘑菇醋等。二是利用食用菌抽提液为原料，经过滤、浓缩制得的一类产品，如香菇精、百菇精等，作为调味品或食品添加剂使用。三是食用菌调料粉，即把香鲜浓郁的食用菌干品直接粉碎至细粉末，然后加入味精、肌苷、鸟苷、食盐及其他一些添加剂和辅料混合调配制成。

(一) 蘑菇酱油制作技术

酱油是用豆、麦、麸皮等原料酿造的传统调味品，色泽红褐色，有独特酱香，滋味鲜美。传统制作方法是原料经蒸熟、冷却，接入纯培养的米曲霉菌种制成酱曲，酱曲接入发酵池，以浸出法提取酱油。发酵期间的一系列极其复杂的生物化学变化所产生的鲜味、甜味、酸味、酒香、酯香与盐水的咸味相混合，最后形成色香味和风味独特的酱油。近年来，依据传统酱油生产工艺也有关于蘑菇酱油制作技术的探讨，介绍如下。

1. 双孢菇酱油制作技术

（1）原料处理。将新鲜双孢蘑菇下脚料除杂、清洗、切片后加热蒸煮（蒸煮无需加水）约 30 分钟，要求蒸熟均匀且保持蘑菇的新鲜感。蘑菇出锅后需冷却、脱水、晾干，脱水后蘑菇重量为原来的 1/3 左右。

（2）制曲操作（原料配比）。将面粉、曲精、双孢菇按 1：0.02：50 比例拌均匀，进入发酵室发酵，维持室温 25~30℃约 24 小时，当料温上升到 35~38℃时需散热、调节温度；当菌丝繁殖结成块状，要翻曲、松料 1 次以便散热降温，料温维持在 28~32℃。若温度超过 35℃，需再次翻曲、松料，保持温度不能过高，直到曲料呈淡黄色即可。

注意点：要获得较高质量的酱曲，双孢蘑菇比例不宜超过 50%，否则影响制曲，甚至制曲失败，因为鲜菇的含水量较大，添加过多对成曲生产不利，易霉变。

（3）发酵过程。将成曲后蘑菇放入缸内加入 18 波美度的浓盐水混合，盐水以盖过成曲蘑菇表面为准，使酱醪呈流动状态，进行日晒夜露，天然发酵。如遇雨天要加上蓬盖，防止进水。当酱醪表面变褐色时需要翻酱，使酱醪发酵均匀，即可抽出酱油。整个周期约需 4~6 个月。

注意点：成曲蘑菇：18 波美度浓盐水 = 2：5 才能得到良好的发酵结果，可酿造出风味较好的蘑菇酱油。

（4）蘑菇酱油特点。通过该工艺制作的蘑菇酱油，具浓郁的蘑菇风味，有酱香、酯香和蘑菇香，色泽鲜艳、红褐色、有光泽；味道鲜美，没有异味、无沉淀、无霉衣浮膜。同时，口感上优于普通酱油，这是由于双孢蘑菇中所含的各种氨基酸在酿造过程溶入酱油的结果。产品符合国家相关规定。

2. 蘑菇调味酱油制作技术

蘑菇调味酱油是指应用各种食用菌子实体、子实体浸提液、预煮液与酱油调配生产的鲜美调味品。这种生产方法简便，可以综合利用食用菌加工的下脚料、废弃物，提高经济效益。

（1）原料处理。将鲜菇子实体清洗、粉碎、压榨取汁，或采用水煮获得汤汁，也可采用经浓缩后的蘑菇杀青液。

（2）过滤。采用 4 层纱布过滤，滤去蘑菇的残留碎屑及杂质，获得蘑菇汁液。

（3）浓缩。如汁液菇香味较淡，可采用真空浓缩。

（4）中和。在浓缩液中加入一定量的碳酸钠溶液中和，调整汁液 pH 值至 6.8 左右。中和后再用纱布过滤（水煮获得的汤汁可不中和）。

（5）调料配制。将桂皮烤焦、粉碎，和八角、花椒、胡椒、生姜等调料混合在一起，用 4 层纱布包好，放在少许水中熬汁。取其汁液，加酱色、原汁酱油适量和味精制成的调料备用。

（6）加盐杀菌。在浓缩液中，按重量加入 20% 的食盐，充分加热溶解，除去上层泡沫，加热至 70℃ 恒温 5～10 分钟，然后加入 0.5% 的上述调料，让其自然降温，静置澄清 5 天即为蘑菇调味酱油。

（7）包装。在澄清后的酱油中，加入总量 0.05% 的苯甲酸钠（冬天不加），贴上标签后即可面市。

（8）实例。

香菇酱油加工工艺。取鲜香菇 1 份切成薄片，加水 3 份，或用干香菇 1 份，打成粉末，加水 10 份，放入锅中加热，于 70～80℃ 浸提 1 小时，然后用 4 层纱布过滤，得滤液。在 100 千克普通酱油中加入 6 千克香菇浸提液，在锅中加热，于 90℃ 保持 1 小时，即得香菇酱油。

黑木耳酱油。利用加工罐头的杀青水，滤去其他杂质，并且经过低温加热浓缩。浓缩后的清液加入适量碳酸钠，将 pH 调到 6.5

左右，与黄豆制成的酱油按一定的比例混合，再添加适量的蔗糖和香料，即可配成黑木耳酱油。

（二）蘑菇汤料制作技术

1. 配方

蘑菇干粉40%、精盐40%、全脂奶粉2%、胡椒粉2%、干姜粉2%、粉状味精2%、白糖2%及膨化大米粉10%等。

2. 制作

取蘑菇生产、加工过程中的菇柄、残次菇等，当然也可以用商品菇，清水漂洗干净，除去杂质，切片后晒干或烘干并磨成细粉后，与其他辅料按配方均匀混合即成。

3. 分装

汤料配好后，应及时定量分装于塑料袋内封存。分装量一般为5~10克。于袋上注明汤料名称、食用方法及稀释量等。一般10克蘑菇汤料，可供制作1千克蘑菇汤，不必添加其他佐料，且味道鲜美可口。

4. 注意事项

制作原料要细，混合要均匀。此外，还可以根据不同消费者的口味，适量往汤料中加入桂皮、八角等香辛料，但加量不宜过多，以免掩盖了蘑菇的风味。

（三）蘑菇精制作技术

1. 原料处理

将子实体原料或商品价值低的下脚料去杂、洗净、破碎后备用。

2. 第一次提取

将含有柠檬酸0.1%~2%，维生素C0.1%~0.2%及蔗糖脂肪酸酯和山梨聚糖脂肪酸酯（两者共0.01%~0.02%，也可只用其中一种）的水溶液加热到90~98℃，然后边搅拌边加入适量蘑菇原料，使其组织破坏。蘑菇中各种酶的活性很大程度要受pH值及温度条件影响，为防止酶活化导致褐变、发臭，采用柠檬酸控制pH值在活化值以下，同时由维生素 C 抑制酶反应及氧化反应；加蔗糖脂肪酸脂和山梨聚糖脂肪酸酯的目的是促进提取。上述溶液加热 10 ~ 15 分钟后，用离心机分离提取第一次提取液。加热处理的温度及时间可视蘑菇的种类和品质而定。第一次提取液中含有可溶解糖类、游离氨基酸、嘌呤及糖醇等，残渣中含有糖原、多糖及蛋白质等。

3. 第二次提取

把第一次残渣放入金属螯合剂水溶液中，在 80 ~ 95℃加热10 ~30 分钟。金属螯合物通过除去与蘑菇组织中酸性多糖类结合的金属离子（铁、铜、钾、钙等），从而促进组织的破坏；同时，还通过除去酪氨酸酶等金属酶活化必需的金属铜离子等，使金属酶失活。柠檬酸苏打、酒石酸苏打、苹果酸苏打等有机酸苏打和重磷酸、偏磷酸、肌醇六磷酸盐及 EDTA 均可作为金属螯合剂使用。可选用一种，若两种以上配合使用，效果更好。金属螯合剂的总添加量以 0.5% ~ 2%为宜。加热完了用离心机分离提取得到第二次提取液。第二次提取液中含有糖原、糖质及盐基。残渣中含有蛋白质、几丁质、半纤维素等。

4. 第三次提取

在 0.5% 的食盐水中加入碱性物质（从碳酸氢钠、氢氧化钠、硼酸钠、磷酸钠中选择），添加量以 0.1% ~ 1%为宜。将第二次残渣与上述溶液混合后 80℃加热 10 分钟以上。加热结束后用离心机分离获得第三次提取液。第三次提取液中含有半纤维素及蛋白质。残渣中含有蛋白质及几丁质。

5. 第四次提取

将第三次残渣与蛋白酶、半纤维素酶、几丁质酶（市售的各种担子菌胞外酶效果很好）在 30 ~ 50℃，pH 值 3.4 ~ 6.3 条件下反应1 小时左右，破坏蘑菇组织细胞膜，使其细胞溶解，从而得到第四次提取液。

6. 浓缩

合并上述 4 次提取液，浓缩即可制得蘑菇精。

附：担子菌胞外酶制备方法

制备担子菌胞外酶，需首先制作培养基，配方为：粉末纤维素 10 克，几丁质 1 克，大豆蛋白 2 克，胨 1 克，磷酸二氢钾 10 克，钼酸铵 3 克，硫胺素 100 微克，硫酸镁 0.5 克，氯化钙 0.1 克，硫酸锌 3 毫克，硫酸亚铁 3 毫克，氯化钴 1 微克。将配方所示的培养基组分溶解于 1 升蒸馏水中，灭菌后接种担子菌菌种，在 25℃ 下培养 10 天。最后在 2℃ 下用丙酮回收、真空干燥即可得到粗酶粉末。

五、食用菌挤压膨化食品生产技术

（一）挤压膨化技术简介

1. 挤压膨化技术原理

挤压膨化是集混合、搅拌、加热、杀菌、膨化成型为一体的高新技术，现如今广泛应用于食品加工行业。该技术能够促进链接大分子的化学键发生断裂，使聚合度降低，物料发生质的变化；同时高温、高压和高速旋转作用使物料组织结构受到强大的伸张作用，体积增大几倍到十几倍，造成的多孔结构和某些成分的降解便于消化吸收。

2. 挤压膨化技术特点

（1）可优化原料质构特性。如纤维素是影响食品口感体验的重要原因。在谷物原料中，纤维素的占比较大，通过挤压膨化技术加工后，原料纤维素在高温、高压状态下发生降解，分子结构发生变化，水溶性增加，使其口感改善，呈现多孔海绵状结构。同时，原料经机筒与螺杆的摩擦碰撞后，质构出现变化，形成体轻、吸水力强的结构。

（2）营养成分保存率和消化率较高。较之其他加工工艺，挤压膨化技术以短时高温处理，时间短、效率高，在蛋白质与淀粉分解中易保留其营养成分。此外，短时高温加工能破坏对人体有害的酶等，增强食品的溶解性，使其更易消化。同时，由于机腔为密封状态，能较好地保留风味成分，提高感官品质。

（3）加工较简易、产品种类齐全。目前，挤压膨化技术可加工原料种类较多，包括粗粮、蔬菜、食用菌、水果、动物蛋白等。此外，该技术还能对不同的配方、加工条件等进行调整，生产各种各样的食品；具有生产成本低，资源损耗低，加工效率高的特点。

（二）挤压膨化设备——双螺杆挤压机

挤压膨化设备是集混合、搅拌、破碎、加热、蒸煮、杀菌、膨化及成型为一体的食品加工设备，较先进的为双螺杆挤压机。其主要工作原理是物料被送入挤压膨化机中，在螺杆、螺旋的推动作用下，物料向前成轴向移动。同时，由于螺旋与物料、物料与机筒以及物料内部的机械摩擦作用，物料被强烈地挤压、搅拌、剪切，其结果使物料进一步细化、均化。随着机腔内部压力的逐渐加大，温度相应地不断升高，在高温、高压、高剪切力的条件下，物料物性发生了变化，由粉状变成糊状，淀粉发生糊化、裂解，蛋白质发生变性、重组，纤维发生部分降解、细化，致病菌被杀死，有毒成分失活。当糊状物料由模孔喷出的瞬间，在强大压力差的作用下，水分急骤汽化，物料被膨化，形成结构疏松、多孔、酥脆的膨化产品，从而达到挤压膨化的目的。

挤压机螺杆的作用分为三段：当原料进入挤压机，先进入加料输送段，混合剪切过程开始进行；接着原料进入压缩熔融段，挤压机开始对原料加热、加压，使原料成为熔融状态；最后在挤压结束时，原料进入计量均化段，对原料降温，排出挤压产物。挤压改性技术能使纤维物料被彻底地微粒化，改善纤维物料的口感；同时，促使连接纤维分子的化学键断裂，发生分子裂解及分子极性变化，从而增大纤维素分子与水分子的接触面积及亲水性，促使不溶性膳食纤维向水溶性膳食纤维转化。因此，它在提高膳食纤维的可溶性、改善口感等方面更优于超微、粉碎、酸碱等其他加工方法。

（三）食用菌挤压膨化食品加工思路

当前，食用菌挤压膨化食品生产加工仍处于大规模产业化前期，仍处于研发阶段。但加工思路基本确定，即将食用菌粉与玉米、杂粮按比例混合后直接生产膨化食品；在膨化食品的基础上，进一步开发加工再制食品。所谓再制食品就是先将物料膨化，再将膨化果进一步加工制成其他产品。再加工方法主要有 2 种：第一种方法是将用谷物制得的无味膨化果粉碎，然后将其作为面包、糕点、面条、婴儿食品等产品的生产原料。由于谷物膨化粉水分含量低，与普通谷物粉混合制作食品时，可增加原料的吸水量，延长制品的保鲜期。如制作面包时，加入一定量的膨化大米粉、玉米粉，可延缓面包的老化。目前国内外生产的婴儿米粉，以及芝麻糊、花生糊等食品都是用这种方法生产的。另一种方法是将制得的无味膨化果调味、调质、压片、干燥，其制品作为早餐速食粥、营养麦片等产品的原料。

（四）食用菌挤压膨化食品研究实例

目前，不少学者已在该领域做了研究。

（1）方勇等研究发现，挤压膨化可提高金针菇—发芽糙米膨化产品的消化特性，并且添加金针菇能够丰富和增强膨化产品的风味。

（2）徐兴阳等对香菇粉挤压膨化产品研发及其性质进行了研究。通过试验确定香菇粉与玉米淀粉挤压膨化的最佳工艺为：香菇粉含量25%，水分含量20%，挤压温度140℃，在此条件下获得膨化产品的综合评分最高为 9.96 分（满分 10 分），为香菇膨化食品的规模化生产提供了技术支撑。

（3）陈晨等对挤压膨化食用菌粉制备及冲调工艺进行了研究。确定的食用菌粉挤压膨化的最佳工艺为：菌菇粉添加量30%，玉米粉70%，水分含量15%，挤压膨化温度为125℃；菌粉的冲调工艺为：粒度为粉碎程度90目，加水为80毫升，水温70~80℃，蔗糖添加量 5%，糊精添加量 3%。获得的食用菌冲调粉颗粒均匀，有光泽，具有食用菌香气，冲调食用方便，口感甜度适宜，口味纯正，细腻润滑，无结块。

食用菌挤压膨化食品加工原理、设备、技术均无问题，关键是市场。目前，市场上已有少量含食用菌的膨化食品或再制品，可以肯定，随着市场的培育与发展，此类食品会越来越多，是食用菌加工领域最有发展前途的领域之一。

六、食用菌即食粥、羹、汤及速溶汤块生产技术

（一）食用菌即食粥、即食羹、即食汤生产

目前，现代生活节奏的加快、休闲旅行的高质生活、营养与口感的饮食享受等社会特点，为食用菌即食粥、即食羹、即食汤的发展提供了很好的机遇。这三类食品主要采用食用菌与蔬菜、肉、蛋等其他食品进行营养复配，经过加工后以罐头、塑料碗的形式包装出售，以银耳莲子粥、鸡肉香菇粥以及美国的蘑菇粟米汤等为典型产品。

1. 银耳莲子粥

银耳莲子粥是一道美味可口的名点。可以美容养颜，还可以清热解暑。其中莲子能补脾止泻，益肾固精、养心安神；银耳能提高肝脏解毒能力，保护肝脏功能，它不但能增强机体抗肿瘤的免疫能力，还能增强肿瘤患者对放疗、化疗的耐受力。

制作方法：干银耳 15 克，干白莲 100 克，冰糖 80 克；将干银耳与莲子用清水泡发 2 小时，银耳拣去老蒂及杂质后撕成小朵，然后与泡过的莲子一起过水冲洗干净，滤干备用；将银耳、莲子、冰糖倒入高压锅中，加入小半锅水，盖上盖，大火烧上汽后，改小火，炖 30 分钟左右；最后开盖放气，热食或者晾凉后放入冰箱冷藏后再食用均可，冷食口感更佳。

2. 鸡肉香菇粥

制作方法：口蘑、香菇干品各 50 克，切丝鸡肉 50 克，粳米

100 克；葱末、植物油、料酒、盐、酱油、味精、高汤各适量。粳米洗净泡透后放入锅中，加适量冷水煮沸转小火煮成粥；口蘑洗净切片，香菇泡发回软，洗净去蒂；切丝或片，鸡肉加料酒、酱油腌制。上锅倒油，油热后倒入鸡肉，炒熟后加口蘑、香菇片及盐、味精、高汤煮约 15 分钟关火；倒入粥锅中撒葱末，搅匀即可。

（二）食用菌速溶汤块生产

食用菌速溶汤块是在食用菌即食粥、羹、汤产品的基础上，进一步采用真空冷冻干燥技术将粥、羹、汤干制而成，可以最大限度地保留食用菌的色、香、味及营养成分，具有方便速溶、即食营养和口感美味等优点，以香菇汤块、海鲜菇汤块、银耳莲子汤块、银耳虫草汤块等为典型代表。

目前，制作食用菌速溶汤块的方法还是以真空冷冻干燥技术为最好的方法。由于速溶汤块配料不同，其制作方法及冻干工艺是不相同的。本书重点介绍产品冻干过程中需注意的关键问题。

1. 冻结温度及冻结速度

这两个参数是确保产品质量的关键，处理不好直接影响产品品质及形状。原则上按照速冻工艺进行，冻结要在 −30 ~ −18℃条件下，20 分钟左右完成。详见本书速冻加工工艺的五个要素。

2. 冻干速溶汤块变质的因素

造成冻干速溶汤块变质的因素有微生物引起的变质、氧化酶引起的变质及光引起的变质等。按照速冻原则处理样品，并在真空状态下完成水的升华，使样品变干，一般可避免微生物、氧化酶变质因素。对于光引起的冻干速溶汤块的颜色发生变化并引起风味的改变，可在加工过程中利用密封容器并采用避光的铝箔复合材料包装等方式克服。

3. 冻干速溶汤块的包装和贮藏

必须选用密封性能好的包装材料进行避光、阻菌、防潮包装。如避光的铝箔、充氮气的聚丙烯复合袋或封入硅胶等吸湿剂。

4. 实例——香菇速溶汤块的制作

（1）配方及设备。香菇 20.2%，胡萝卜 9.6%，菠菜 7.6%，食盐 2.5%，淀粉 3.3%，鸡蛋 55.6%，味精 0.1%，鸡精 0.2%，白砂糖 0.8%，干姜粉 0.1%。SCIENTZ－18N 型真空冷冻干燥机。

（2）原料验收。选择无病虫害的胡萝卜、菠菜和干香菇，剔除不可食用部分。

（3）清洗。用流动水清洗胡萝卜、菠菜和香菇表面的杂质。

（4）切分。将胡萝卜切成 0.5 厘米小丁，菠菜切 1 厘米段，用温水将香菇泡发，去柄后将香菇切 0.1 厘米薄片，焯水后备用。

（5）调味品称量。按工艺配方分别称取食盐、淀粉、味精、鸡精、白砂糖、干姜粉等调味品备用。

（6）蛋液处理。将蛋敲破使蛋液流入不锈钢盆中，用搅拌器将蛋黄、蛋清混合搅拌均匀。

（7）煮制。按料液比 2∶1（克∶毫升）向沸水中先后加入胡萝卜和菠菜，3 分钟后倒入焯过水的香菇，加入调味品煮制 2 分钟，随后加入淀粉煮 1 分钟后关火，最后向煮熟的汤中加入蛋花，静置冷却备用。

（8）装模。将冷却至室温的汤品均匀倒入模具中，并用勺子将表面铺平整，厚度 1.5 厘米。

（9）预冻。在 －20℃条件下冷冻 6 小时。

（10）真空干燥。将预冻结束后的物料放入真空冷冻干燥机内，真空干燥 16 小时。

（11）产品特点。按此工艺制备的香菇速食汤块复水比为 5，复水后的菌汤分散性好、颜色鲜艳、味道鲜美，能够保持材料原有的风味、形态及营养成分。

第二节　蘑菇休闲食品生产技术

休闲食品是指在人们闲暇、休息时所吃的食品，通俗地讲就是吃着玩的食品。随着生活水平的提高，休闲食品已成为深受消费者喜爱的日常必需消费品。休闲食品一般根据原材料及加工特征，可划分为膨化类、果仁类、烘焙类、果蔬类和糖渍类等。

蘑菇休闲食品是以蘑菇作为原料，借助原有休闲食品的理念及生产工艺开发的一类大众化日常消费食品，其不仅营养丰富、风味独特，而且具有很好的保健价值。蘑菇休闲食品不仅可吃出营养，更重要的是可吃出健康，市场潜力巨大。

一、蘑菇脆片生产技术

（一）蘑菇脆片加工原理

蘑菇脆片是仿照果蔬脆片生产工艺，以食用菌子实体或切片为原料，通过干燥技术将物料中的水分除去而得到的干制品。蘑菇脆片制品具有色泽自然、口感松脆、口味宜人、纯天然、高营养、低热量、低脂肪等优点。目前，制作蘑菇脆片应用较多的干燥方式为真空低温油炸技术。

真空低温油炸技术是20世纪70年代发展起来的果蔬产品加工技术，该技术是在相对真空条件下，利用较低的温度，通过热油介质的传导使食用菌中的水分不断蒸发，由于强烈的汽化而产生较大的压强使细胞膨胀，在较短的时间内使水分蒸发，降低食用菌、果蔬水分含量至3%～5%，经过冷却后即呈酥松状。该技术不仅对物料的维生素等营养成分破坏少，而且较好地保持物料原有的色、香、味及形态。该技术更适合蘑菇休闲食品的生产。

（二）蘑菇脆片加工一般工艺

蘑菇原料→预处理→脱水→调味→包装等。

（三）蘑菇脆片加工技术要点

1. 蘑菇原料的预处理

预处理是蘑菇脆片加工过程中的头道重要工序，包含选别、分级、洗涤、切分、修整、烫漂护色、浸渍、冷冻等操作，对蘑菇脆片的品质和风味有极为重要的影响。

（1）选别。选择成熟度、新鲜度适宜的食用菌是形成优质产品的前提条件。

（2）切分。切分的厚度及形状将影响到脆片的质构是脆性还是韧性，直接影响产品的适口性。原料切分后，可形成原料的良好外观，并且便于后续工序的处理。切分遵循原则：纵切物料的品质优于横切物料，而横切干燥速率大于纵切；切片越薄，产品感官质量越好。如杏鲍菇片的最佳厚度在7毫米左右。

（3）烫漂。烫漂处理的目的是钝化物料酶活力、增加细胞通透性、改善组织结构、降低微生物数量、改善产品风味，而且可以起到护色、防褐变的作用。

（4）浸渍。蘑菇组织比较疏松，如不进行浸渍处理，不易脱油，产品含油量较高。一般用麦芽糖及糊精在常压或真空下浸渍填充。真空条件下有利于蘑菇内部水气压迅速消除，填充物快速扩散到组织细胞间隙，随之快速达到平衡，减少渗透浸渍时间。其中，真空度、温度和浸渍时间是工艺的关键参数。

浸渍可以提高蘑菇脆片中的固形物含量，一定程度上可以减少含油量。如2%麦芽糊精浸渍时，杏鲍菇产品质地偏软，没有嚼劲；4%麦芽糊浸渍时，产品的硬度适中；当6%麦芽糊精浸渍时，杏鲍菇的特有风味很淡且伴有异味。

（5）冷冻。浸渍处理后的蘑菇片适度的速冻有利于固形；同时速冻形成细胞间隙的冰晶将有助于解冻时细胞壁的扩张，以便更好地进行调味料和糖分的真空渗透、扩散浸渍，从而使产品凸显独特的风味，口感更好。常采用速冻机完成。

2. 脱水

在真空条件下低温油炸脱水，不仅可实现物料脱水变干目的，而且低温下营养损失小，最大程度保存了蘑菇原有营养及风味。目前，市面上食用菌脆片类产品多采用专用真空油炸机械脱水，生产出的蘑菇脆片风味浓郁，口感良好。

3. 调味

脱水后的蘑菇脆片可根据市场需求，用五香粉、辣椒粉等调制成各种口味。

4. 包装

作为油炸易碎食品，对其包装就有特殊要求，应该采用不具有氧化作用的氮气和二氧化碳等充气包装，并且包装做到避光、防潮，放置于阴凉处。

5. 常见蘑菇脆片生产工艺参数

（1）杏鲍菇脆片。切片厚度 7 毫米、真空度为 0.09 兆帕、油炸温度为 109℃、油炸时间 15 分钟左右，得到的杏鲍菇脆片含水量为 1.81%、破碎力为 399.5 克。

（2）香菇脆片。切片厚度 7 毫米、漂烫时间 6 分钟、油炸温度 95℃、浸渍液浓度 30%，而且在最佳生产工艺条件下生产的香菇脆片含油率是 16.43%，不但外形比较美观、口感酥脆，而且保持有香菇特有的色香味。

（四）实例——双孢蘑菇脆片生产技术

1. 生产工艺

原料处理→切片→漂烫（预熟化）→快速冷却→速冻→真空渗透、浸渍、调味→真空低温油浴干燥→脱油→调味→包装→检验→成品。

2. 各步骤技术要点

（1）原料处理。削去菇柄、冲洗并沥干。注意不要泡洗。

（2）切片。切片厚度控制在 6～8 毫米为宜。

（3）漂烫。以 98～100℃、2～3 分钟为宜。热烫时间不宜过长。切片后要立即漂烫灭活引起褐变的酶，否则将在漂烫前就开始发生不能逆转的褐变。

（4）快速冷却。热烫后的蘑菇片要迅速冷却。先用 10～20℃ 的冷水喷淋降温，再浸入 3～5℃ 的冷却水池中继续冷透，以最快速度把菇片的中心温度降至 10℃ 以下。

（5）速冻。冷却后立刻速冻。进料温度 20～23℃，出料温度 −28～−25℃。

（6）真空渗透、浸渍、调味处理。采用 35BX 麦芽糖（35% 糖度）浸渍液，在真空度为 0.1 兆帕条件下浸渍处理 10 分钟。蘑菇组织比较疏松，如不进行浸渍处理，不易脱油，产品含油量较高。

（7）真空油浴脱水。进料时油温 94～96℃，脱水时油温 82～86℃，脱水过程前 8 分钟每 2 分钟升降一次，8 分钟以后每 4 分钟升降一次，提升时物料不允许脱离油面。

（8）脱油。保持原真空度下，将料笼提起，离开油面后脱油，250 转/分钟，脱油 3 分钟。

（9）调味。脱水后的蘑菇脆片可根据市场需求，用五香粉、辣椒粉等调制成各种口味。

（10）包装。采用充氮气和二氧化碳等充气包装，并且包装做到避光、防潮，放置于阴凉处。

（五）实例——平菇脆片生产技术

1. 生产工艺

原料处理→减压浸泡→油炸→干燥脱水→调味→包装→检验→成品。

2. 各步骤技术要点

（1）原料准备。将鲜成簇平菇掰开，选菌盖直径 3 厘米左右的备用。将干燥卵白粉用温水溶解成 13% 水溶液备用。

（2）减压浸泡。将平菇放入配好的干燥卵白粉水溶液中。为防平菇浮起，用一个比浸泡直径略大的金属丝卡在上面，使平菇始终在液面下。将浸泡容器放入减压罐内减压至 4.666 3 千帕。罐内容物剧烈发泡，持续 5 分钟后便平静下来。发泡平静后打开阀门，使罐内恢复常压，这时平菇组织中已浸透干燥卵白粉水溶液。

（3）油炸。将浸泡好的平菇用笊篱捞起，沥干附着在平菇表面多余的卵白粉水溶液，放入带金属丝盖的煎炸筐中，在 4.666 3 千帕的真空条件下，用油温为 105～120℃ 的食用油炸 12 分钟，恢复常压，捞出、沥油。

（4）干燥脱水。将沥干油的炸制品在 40～50℃ 温度下干燥，使炸制品含水量降至 3% 以下即为成品。

（5）真空包装。在抽真空条件下，将加工后的干制品以经销商喜爱的形式包装，保质期可达 18 个月。

二、蘑菇（肉）松生产技术

（一）蘑菇（肉）松加工原理

肉松是以畜禽瘦肉为原料，经煮制、撇油、调味、收汤、炒松、干燥等工艺制成的一种易于消化的高蛋白制品，是亚洲常见的小吃，在中国、日本、泰国、新加坡等国家都很常见。一般的肉松都呈粉末状，主要营养成分为蛋白质。肉松按加工方式的不同可分为 3 种，即太仓肉松、油酥肉松和肉松粉。油酥肉松以福建产的肉松最有名，特点是纤维较短，酥松，入口即化，口感好。太仓肉松、如皋肉松、上海肉松多为肉松粉等，特点是纤维长。肉松作为一种传统的休闲食品，是一种老少皆宜、居家旅行的必备佳品，应用和发展前景越来越广阔。

蘑菇（肉）松是根据蘑菇高蛋白、低脂肪的营养特点，以蘑菇为原料，参照肉松的生产工艺，开发而成的休闲食品，市场潜力巨大。

（二）香菇柄（肉）松制作技术

1. 生产原料

香菇柄（肉）、食盐、食油、味精、黄酒、砂糖、辣椒、蒜头、调味品。

2. 生产工艺

原料选择→预处理→加调味配料熬煮→拌炒→初烘→粗整丝→再烘干→打丝→炒松→称量包装→成品。

3. 各步骤技术要点

（1）原料选择。选用新鲜、浅色干香菇柄，要求菇柄无霉烂、无虫蛀。

（2）预处理。用剪刀去除菇柄蒂头，投入水中浸泡 5~6 小时至菇柄完全吸水，捞出。

（3）熬煮。将预处理好的菇柄倒入锅中，加入菇柄质量 3 倍的水，投入调味配料熬煮，拌匀。熬煮至水分快干。

（4）拌炒。将锅中食油煮沸，加入 5% 蒜头炸至呈金黄色时，倒入熬煮好的菇柄，翻炒约 20 分钟。

（5）初烘。把拌炒好的菇柄均匀地摊放在烘盘上，放入烘房内在 80~90℃下烘烤。中间翻动 3 次，烘至菇柄半干、表面呈金黄色。

（6）粗整丝。将半干香菇柄投入粉碎机中粉碎至疏松，成为粗纤维丝状。

（7）再烘。把菇丝均匀地摊放在烘盘上，厚度 2~4 厘米，在 70~80℃的烘房内烘烤 2~3 小时，每隔 1 小时将菇丝翻动一次。

（8）打丝。将烘至略干的菇丝均匀地加入粉碎机中，并调整磨盘间距，使粉碎出的菇丝成为均匀纤维絮状。

（9）炒松。把菇松倒入炒松机内，在 50~60℃下烘炒至菇松酥松、有香味滋出便得香菇松。若要制得香菇肉松，只需在香菇松中加入 20% 的猪肉松混匀即可。

（10）称量包装。将菇松称量，包装封口，密封保存。

（三）香菇柄牛肉松生产技术

1. 原料配方

香菇柄干品 10 千克，食盐 800 克，葡萄糖 400~500 克（或蔗糖 500 克），味精 40 克，特级酱油 1 千克，胡椒粉 50 克，五香粉 300 克，花椒 80 克，黄酒 200 毫升，鲜姜 125 克，鲜牛肉 0.5~1 千克，米酒、酱色少许。

2. 生产工艺

选料→复水、清洁→修整、切段→灰漂、漂洗→煮制→浸渍→捣散→揉搓→干炒→晾干、包装。

3. 各步骤技术要点

（1）选料及处理。选用干净、无霉变、无虫蛀的香菇柄为原料，放入水中浸泡3～4小时，捞起、沥干水分。用不锈钢刀剔除菇脚黏附的杂物及根部粗老硬化部分，菇柄切成1～1.5厘米的小段，粗的撕成3～4片。

（2）灰漂、漂洗。将原料置于3%澄清石灰水中浸泡，或5%～5.5%碳酸氢钠中浸泡（全部淹没），使粗纤维软化。18～20小时后捞出，在清水中漂洗几遍，直至漂出的水呈中性反应。

（3）煮制、浸渍。将牛肉切丁或片，姜切片后与香料混合，用纱布包扎，一起入锅煮制，添水量为总物料量的3倍。煮至牛肉熟烂，加入菇柄、食盐、糖、酱油、米酒等，浸渍24小时。再将全部物料入锅煮沸，捞出香料纱布包，改用文火不盖锅煮70～80分钟后，加入味精、黄酒，边煮、边用锅勺轻轻捣压，直至物料收汁。

（4）揉搓。将物料用干净纱布缠紧，在擦板上来回揉搓，或用擦丝机擦松，使菇柄呈均匀绒丝状。

（5）干炒。菇丝冷却7～9小时后，回锅文火炒制。视制品色泽状况可适当喷洒配好的酱色，使其呈金黄或褐黄色。

（6）晾干、包装。菇丝炒至完全干燥后离锅冷却、晾干，立即密封包装，即成菇味浓郁、口感优良、无木质感，味道鲜美，犹如纯品肉松制品。

（四）平菇柄肉松生产技术

平菇质嫩味鲜、营养丰富，蛋白质含量在20%左右。但鲜菇较易变质，有8%～12%的菇柄，可将它们加工成平菇肉松。产品呈疏松絮状，菇纤维细嫩，口感、色泽和外观可与肉松相媲美，价格只有肉松的一半。

1. 原料配方

菇柄 100 千克，一级酱油 5 千克，白糖 3.5 千克，花生油 3 ~ 3.5 千克，生姜 500 克，茴香适量，葱 5 千克，精盐 500 克，味精 200 克，黄酒 4 千克，五香料适量。

2. 生产工艺

原料选择→清洗→切碎→浸泡→煨煮→搓碎→沥干→打碎→烘煮→翻炒→冷却→配料→焙炒→包装→成品。

3. 各步骤技术要点

（1）原料处理。选用不带杂质、无病虫害的干净菇柄，用清水洗净，用切碎机切成 1 厘米长、5 毫米宽、3 ~ 5 毫米厚的块状，浸泡 1 ~ 2 天后，放入锅内煮沸，以文火煨 1.5 ~ 2 小时，用木棒搓碎打碎。捞出、沥干，放入高速搅打机中打碎，最后放入铁锅中以文火烧煮，不断翻炒。搓炒至呈半干纤维状后取出摊于竹筛上，冷却后配料。

（2）配料及焙炒。按配方比例称量好各种原料，将花生油烧热，加入生姜末炸片刻，加入酱油、精盐、茴香汁、五香料、黄酒，以文火煮 30 分钟后加入味精。将以上平菇松半成品和配料一起置于锅中焙炒，边炒边翻，拌匀，使纤维全部分离松散，颜色逐渐变为深黄棕色，测其含水量不超过 16% 时，即可包装、出售。

三、香菇柄"牛肉干"生产技术

（一）生产原料

新鲜香菇柄，鸡蛋，食用油，盐、辣椒、辣椒粉、蚝油、生抽、老抽、桂皮、八角、丁香、花椒、香叶等。

（二）主要设备

干燥箱，高压锅，不锈钢煮锅。

（三）生产工艺

鲜香菇柄→挑选→浸泡→预处理（甩干水分并切块）→碾压→

拌料→油炸（2~3分钟）→去油→炒制→烘干→包装、封口→杀菌冷却→成品。

（四）各步骤技术要点

（1）挑选。挑选出大小、形状均匀的香菇柄，剪去香菇柄根端粗老、硬化部分，用清水洗干净。

（2）浸泡。用清水将洗净的香菇柄浸泡10小时。

（3）预处理。将浸泡好的香菇柄沥干水分至手抓不湿手，将香菇柄剪成大小均匀的长条块。

（4）碾压。用碾压棒碾压香菇柄8次。碾压处理目的是让香菇柄质地变得疏松，形成中空网络结构，有利于提高香菇柄综合品质。

（5）拌料、油炸。将鸡蛋与水按10∶1（质量比）的比例打成蛋液，倒入碾压过的香菇柄中搅拌均匀，香菇柄与蛋液比例为（3~5）∶1（质量比），鸡蛋液添加量4%左右。搅拌均匀后于106~110℃的油锅中油炸2~4分钟，然后再捞至116~130℃的油锅中继续油炸2~4分钟后捞出沥干。

（6）去油。将油炸好的半成品置于甩油机中去除多余植物油。

（7）蒸煮炒制。将去油的半成品及调味料倒入锅内，加水熬煮20~30分钟后搅拌一次，并加入含辣椒粉5%的香辛料煮至水分收干，开始翻炒。

（8）烘干。将炒制后的半成品再次碾压，去除多余水分后，均匀装在托盘上；将托盘放进恒温干燥箱，温度为60~70℃，在这期间每隔1小时翻动一次，直至香菇柄的水分达标为止。

（9）包装、杀菌、冷却。香菇柄烘干后冷却，然后及时进行分装杀菌。杀菌条件：100℃、15~40分钟。

（10）贮藏检验。在37℃条件下保温7天，检测有无泄漏、胀袋现象，并进行感官、理化和微生物指标的检测。符合相关食品标准的为合格产品。

该工艺制备的香菇柄食品，口感类似牛肉干，口感良好、营养丰富。

四、油炸蘑菇系列产品生产技术

油炸蘑菇休闲食品生产的一般工艺流程为：原料整理、清洗→热浸→脱水→成型→混合粉拌制→油炸→称量→装袋→封口→质量检查→入库→成品。

（一）香酥菇条生产技术

1. 生产原料

选当天采收的、未开伞的优质鲜菇，削根、去杂后用清水洗净，捞出沥水。

2. 各步骤技术要点

（1）浸煮脱水。将整理好的鲜菇，置不锈钢锅的沸水中煮 1~2 分钟，捞出控水，因鲜菇的含水量较高，且不易被除去，所以最好用真空抽水机将菇体的自由水抽干。

（2）切条成形。将浸煮脱水的菇，顺丝纹用不锈钢刀切成 3~5 毫米宽的条状。

（3）拌料调制。主料（菇条）与辅料（混合粉）之比 90∶10。其辅料混合粉的组成为淀粉∶精盐∶白糖∶胡椒粉∶味精 = 75∶15∶6∶3∶1。将菇条与辅料充分拌匀。

（4）入锅油炸。将调拌好的菇条，放入 150℃ 左右的植物油锅中炸至黄酥，用铁笊篱捞出，沥去多余的油。

（5）包装封口。将炸好菇条冷却后即可进行小包装，装入无毒复合塑料袋中。一般每袋装量 100 克，用电热机封口。

（二）油炸金针菇生产技术

1. 原辅材料

鲜金针菇，精面粉，花生油，糖、食盐、葱段、花椒、味精等。

2. 各步骤技术要点

（1）整料。选用长 10～15 厘米、未开伞、无霉烂变质的鲜金针菇，切除菇脚，除去污物、杂质，洗净备用。

（2）煮料。在铝锅内加入适量水以及糖、食盐、葱段、花椒等调味料，煮制 3 分钟，加入金针菇再煮 5～6 分钟，加入少许味精，捞出，沥干汤汁待用。

（3）挂浆。把煮菇的汤汁用 6 层纱布过滤，大部分留作他用，取少部分与精面粉调成糊状，将煮制好的金针菇放在糊中均匀地挂上一层糊浆。

（4）油炸。在锅中加适量花生油，烧热（勿烧沸）后加入已挂浆的金针菇，炸至金黄色、酥脆时捞出，切勿炸焦。

（5）包装。沥去油即可食用，也可包装后贮存。

（三）香酥平菇条生产技术

1. 原辅材料

鲜平菇要求干净、无杂质、无变质，色泽纯白或略带灰色，具有平菇的正常气味。辅料包括：淀粉、精盐、胡椒粉、白糖、味精、食用油等。

2. 各步骤技术要点

（1）将采摘的鲜平菇，去根、除杂，洗净。

（2）用开水浸煮平菇 1 分钟后捞出。

（3）因平菇含水较多且不易被除去，要在真空条件下将水尽量抽干。

（4）将平菇顺纹切割成 3～5 毫米的条状。

（5）用混合粉（淀粉:精盐:白糖:胡椒粉:味精 = 75:15:6:3:1）均匀地拌制平菇条，比例约为平菇:混合粉 = 90:10。

（6）将平菇条放入油温 250℃的油锅中炸至黄酥，捞起。

（7）称量装袋，用塑料封口机封口贮存。

（8）装箱入库。

五、非油炸蘑菇系列产品生产技术

（一）麻辣金针菇生产技术

麻辣金针菇是一种即食型休闲菌类食品，主要以金针菇为原料，大多以四川麻辣口味为精髓，用金针菇搭配而来的特色更是辣而不燥、鲜麻无比、辣得劲道、丝丝爽口、口口香脆，适宜下饭和当作休闲小吃。主要生产工艺介绍如下。

1. 原辅材料

新鲜金针菇、无水氯化钙、柠檬酸、抗坏血酸均为食用级，色拉油、辣椒粉、蔗糖粉、花椒粉、味精等。

2. 生产设备

金针菇清洗机、菌类食品清洗设备、蔬菜清洗机、金针菇生产废水处理设备；食品真空封口机、杀菌锅、离心机、拌料机、夹层锅、酸度计、电子秤等。

3. 制作工艺流程

新鲜金针菇→原料清洗选择及分级→硬化→杀青→漂洗→离心脱水→干燥→拌料→封袋→杀菌→冷却→装箱→成品。

4. 各步骤技术要点

（1）原料清洗选择及分级。选择颜色一致、无腐烂、无病虫害的新鲜金针菇，剪去老菌根和颜色太深的菌柄，按大小粗细不同进行分级，然后在清水中漂洗干净，捞起控干水分。

（2）硬化。按 1:3 的料液比，将金针菇置于浓度为 0.5% 的氯化钙和 1.0% 氯化钠的混合溶液中浸泡 30 分钟，捞出控水。

（3）杀青。将 0.3% 的柠檬酸和 0.07% 的抗坏血酸混合溶液煮沸，按 1:2 的料液比，将固化金针菇于漂烫护色液中煮 3~5 分钟。

（4）漂洗。杀青金针菇立即捞出于冷水中漂洗冷透，并于流水中冲洗 10 分钟。

（5）离心脱水。漂洗后的金针菇在 3 000 转/分钟的转速下离心 10 分钟，初步除去表面附着的水分。

（6）干燥。在热风循环干燥柜中，将金针菇干燥至含水量70%左右。其中，堆料厚度2厘米，热风温度50℃，干燥时间100分钟，期间翻料5次。

（7）拌料。按100克干燥金针菇加入3克盐，1克味精，1.5克糖粉，0.5克辣椒粉，0.5克花椒粉和5克色拉油的比例进行拌料。

（8）封袋。按200克/袋装袋，真空封口。

（9）杀菌。于115℃下杀菌10分钟。

（10）装箱。冷透金针菇，擦干包装袋表面水分，即可装箱入库。

按此工艺条件制作的麻辣金针菇，具脆嫩可口、鲜香麻辣风味。既保持了新鲜金针菇所具有的色、香、味、形及高膳食纤维和营养物质，又具有食用方便、安全卫生、可长期保藏等特性。

（二）五香金针菇生产技术

（1）原料整理。选取菌柄长15厘米左右，色淡黄、无病虫害的未开伞金针菇，切除菇脚，去除杂质，洗净沥水。

（2）煮制。在铝锅中放入5升水，500毫升酱油，10克五香粉，烧开后将金针菇分两批加入锅中，煮制5分钟，使金针菇入味，熟而不烂，捞出沥干水分。

（3）晒干。将煮制沥水后的金针菇置于竹筛里，晒干或烘干，期间要翻动几次，防止金针菇粘在烘筛上。其成品率在40%左右。

（4）包装。将合格产品密封包装即为成品。

（三）椒盐香菇干生产技术

（1）原料。香菇柄、糖、食盐、葱段、花椒粉、柠檬酸、味精等调料。

（2）整料。选择无病害、无虫蛀、粗细均匀的鲜菇柄，除去污物杂质，剪去根脚，漂洗干净后备用。若选用干香菇柄，则需先浸水泡发后剪除根脚，洗净备用。

（3）煮制。在铝锅中放入适量水，加入糖、食盐及香菇。用大火煮开后，改用小火熬煮10~20分钟，加入胡椒粉、味精、柠檬酸、葱段，继续煮制，使菇根充分入味。当锅内料汁基本烧干时停止煮制。

（4）干燥。取出制好的香菇干，放在烘筛上摊匀，放入烘箱在70~80℃下通风烘干或晒干。烘干、晒干的程度，以掌握最佳口感时为准，不宜太干太湿。烘、晒期间翻动2次，防止粘筛。

六、蘑菇糖渍品生产技术

用水果做成的糖渍品主要是果脯和蜜饯。在加工过程中用糖液浸渍果品，使糖液中的糖分渗入果内代替果的水分，然后干燥而成，其色泽有棕色、金黄色或琥珀色，鲜亮透明，表面干燥，稍有黏性，含水量在20%以下，含糖量最高可达35%以上，作为甜味休闲食品深受消费者喜爱。果脯和蜜饯的区分，按照北京的习惯，把含水分低并不带汁的称为果脯；蜜饯是用蜜或糖煮后不经干燥工序的果制品，表面湿润柔软，含水量在30%以上，一般浸渍在糖汁中，如蜜饯海棠、蜜饯山楂等。

食用菌糖渍品含糖量必须达到65%以上，才能有效抑制微生物活动。严格地说，含糖量要达到70%以上才安全。因为含糖量70%的制品其渗透压为50个大气压，微生物在这种高渗透压食品上无法获得它所需要的营养物质，而微生物细胞原生质会因脱水收缩而处于生理干燥状态，无法活动。虽然不会使微生物死亡，但也迫使其处于假死亡状态，只要食用菌糖渍品不接触空气受潮，含糖量不会因吸潮而稀释，糖制品就可以久贮不坏。

近年来，有一些关于食用菌果脯、蜜饯的研究，对表面比较干燥、没有糖汁、含水量较低的制品，则称为食用菌脯（菇脯）；对表面比较湿润、没有糖汁、含水量在30%的制品，一般称食用菌蜜饯。

（一）菇脯生产技术

1. 菇脯生产一般工艺方法

（1）原料。选择菇盖大小中等、色泽正常、菇形完整、无病虫斑点的新鲜平菇、香菇、鲍鱼菇或猴头菇等。

（2）清洗。用水将鲜菇清洗干净，然后快速捞出控干水分。

（3）杀青。锅中放入清水并加 0.8% 左右柠檬酸，煮沸后将沥干的菇放入，继续煮 5~6 分钟，捞出后立即在流动清水中冷却至室温。

（4）修整。用不锈钢刀修削菇体。对个头较大的菇体，必须进行适当切分，并剔除碎片及破损严重的菇体，使菇块大小一致。

（5）护色。配制含焦亚硫酸钠 0.2% 的溶液，并加入适量的氧化钙，待溶化后放入菇块，浸泡 7~9 小时，捞出再用流动清水漂洗干净。

（6）糖渍。取菇块重量40%的糖，一层菇一层糖，下层糖少，上层糖多，表面覆盖较多的糖。腌制 24 小时以上，捞出菇块，沥去糖液，调整糖液浓度为 50%~60%，加热至沸腾，趁热倒入缸中，要浸没菇块，继续腌制 24 小时以上。

（7）糖煮。将菇体连同糖液倒入不锈钢夹层锅中，加热煮沸，并逐步向锅中加入糖及适量转化糖液，将菇体煮至有透明感。糖液浓度达62%以上时，立即停火。然后将糖液连同菇体倒入浸渍缸里，浸泡24 小时后捞起，沥干糖液。

（8）烘烤及包装。将沥净糖的菇块放入盘中，摊平后送入烘房进行烘烤。烘烤温度控制在 65~70℃，时间 15~18 小时，当菇体呈透明状，手摸不黏即可取出。烘烤后的产品，经回潮处理即得菇脯。对质检合格的产品，用无毒塑料袋进行小包装。

2. 金针菇脯制作技术

（1）选料。选未开伞、柄长 15 厘米左右，色泽浅黄，无病虫、无斑点的新鲜金针菇作为原料。

（2）杀青。将选好的金针菇剪去菇根，去除培养料及其他杂质，投入浓度为 0.8% 的柠檬酸沸水中，杀青 5~7 分钟后捞出，立即用流动清水冷却至室温。

（3）修整。为保证金针菇脯大小一致，外形整齐美观，杀青后应将菌盖过大或过小的、菌盖破损严重的剔出来留作他用。

（4）护色。将修整好的金针菇投入浓度为 0.2% 的焦亚硫酸钠溶液中，并加入适量的氯化钠浸泡 6～8 小时，然后再用流动清水漂洗干净。

（5）糖渍。在洗净、沥干水分的金针菇中，加入菇重 40% 的白砂糖糖渍 24 小时后，滤出多余的糖液，下锅加热至沸腾，并调整糖液浓度至 50 波美度，再继续用糖液浸渍金针菇 24 小时。

（6）糖煮。将糖渍后的金针菇与糖液一起倒入夹层锅中，加热进行糖煮，并不断向锅中加入白砂糖。当菇体煮成透明状、糖液浓度达 65 波美度以上时，立即停火。

（7）烘烤。将糖煮过的金针菇取出，沥尽糖液后放在烘盘中，送入烘房置于 65～70℃ 条件下烘烤 15 小时左右。当菇体呈透明状、且不粘手时，即可从烘房中取出。

（8）包装。用塑料食品袋对合格金针菇脯进行定量包装和密封后，就可上市销售或入库保存。

3. 猴头菇脯制作技术

（1）原料选择和修整。要求选择菇体较小的品种，子实体充实饱满，八九成熟，色泽正常，无异味、无机械损伤、无病虫害的鲜菇作为原料。选好的原料，立即投入 0.03% 的亚硫酸钠溶液中，以保持其新鲜和卫生。用刀去掉菇体下部的变褐部分，使长短一致，大小均匀。

（2）烫漂、灰漂。将修整好的鲜菇投入沸水中，加热煮沸 1～3 分钟，捞出后立即放冷水中冷却，然后捞起沥干。再浸入预先配制的 100:5 的石灰水中，菇与水的比例为 1:1.5。浸渍 12 小时后捞起，用清水漂洗 48 小时，以灰汁漂净为止。

（3）冷浸。按白砂糖和葡萄糖 1:1 比例，加适量水煮沸溶解，配成 50% 的糖液，并加入 0.5% 的柠檬酸和 0.05% 的苯甲酸钠防腐剂（以糖液重量百分比计）。用 4 层纱布过滤备用。将漂洗后的猴头菇沥干，放入冷糖液中浸渍 24 小时后，加白砂糖适量，继续浸渍 24 小时。菇与糖液的比例为 1:2。

（4）糖煮。将冷浸糖后的猴头菇及糖液一起倒入锅内，加热煮沸。用糖度计测其糖度，并适量加入白砂糖，保持文火煮沸。最后测定糖度达55%时，便可起锅。

（5）胶膜化处理。分别配制1%海藻多糖胶液和5%的氯化钙溶液。配制海藻胶液时，先将其溶于水中，边搅拌边少量加入，搅匀到24波美度后使用。将煮糖后的猴头菇浸入溶液中进行胶膜化处理。

（6）加漂脱涩。将成型的猴头菇放入干净的清水中回漂，以除去涩味，提高适口性。

（7）烘干包装。将脱涩后的猴头菇捞起，放入烘箱内用50~60℃的温度烘烤干燥，以除去菇体表面水分。将干燥后的猴头菇，整理成外观一致，装入硬塑料食品盒或食品塑料袋中，封口保存。经检验合格后可上市出售。

（二）食用菌蜜饯生产技术

食用菌蜜饯是用浓糖浆煮制的食用菌糖制品，既是一种风味独特又富于营养的休闲食品，又可作为生产糕点、八宝饭、方便汤料的辅料，有较大的消费市场。适宜制作蜜饯的食用菌有双孢蘑菇、平菇、金针菇、猴头菇、银耳、木耳等，要求原料新鲜、质地细腻、纤维含量少。

1. 食用菌蜜饯一般生产工艺

原料采收→分级→菇体整理及切分→杀青→菇坯腌制→保脆和硬化→硫处理→染色→糖渍→烘晒和上糖衣→整理与包装。

（1）原料整理和切分。挑拣鲜菇，剔除病菇、虫菇、斑点菇及严重畸形菇。削去老化菇柄或带基质的柄蒂。用清水漂洗干净，因蜜饯产品直接食用，不能混有杂质。然后用不锈钢刀把菇体切成小块，可缩短糖煮时间，也便于食用。一般切成3~4厘米见方。

（2）腌制菇坯。菇坯是以食盐为主腌渍而成的，有时加少量明矾或石灰等使之适度硬化。食盐有固定新鲜原料成熟度、脱去部分水，使菇体组织紧密、改变细胞组织的渗透性、利于糖渍时糖分渗入等作用。菇坯腌制过程包括腌渍、暴晒、回软和复晒。盐渍液用10%左右盐水，可再加0.1%～0.3%明矾和0.25%～1%石灰，盐渍时间2～3天。

（3）菇体保脆和硬化处理。保脆和硬化处理是将菇体放在石灰、氯化钙或亚硫酸钙等稀溶液中，浸渍适当时间。也可在腌坯时或腌坯漂洗脱盐时加少量石灰和明矾等硬化剂进行硬化保脆。菇体经过硬化保脆，可以避免在糖煮时软烂、破碎。

（4）糖渍。方法分为加糖煮制（糖煮）和加糖腌渍（蜜制）。大多数食用菌都可采用加糖煮制法。该法糖渍时间短，加工迅速。加糖煮制又分为敞煮和真空煮两种方法。敞煮又有一次煮成和多次煮成之分。一次煮成是把菇体与糖液合煮；多次煮成是把菇体与糖液合煮，分2～5次进行。第1次煮制糖液浓度40%，煮沸2～3分钟，冷却8～24小时；第2次煮制时糖液浓度增加10%，如此反复进行糖渍。

（5）烘晒和上糖衣。干态蜜饯糖渍后进行烘烤，制品干燥后含糖量接近72%，水分含量不超过20%。再将干燥后的蜜饯浸入过饱和糖液中蘸湿，立即捞起，再进行一次烘晒，使其表面形成一层透明状糖质薄膜，该操作称为上糖衣。大多数食用菌可通过上糖衣而提高品质。也可在糖煮后，待蜜（饯）坯冷却至50～60℃时，均匀地拌上白砂糖粉末，俗称"粉糖"，即得蜜饯成品。

2. 食用菌蜜饯生产实例——双孢蘑菇蜜饯

（1）选料与处理。选菇形饱满、不开伞、无机械损伤的蘑菇。洗净后将菇体立即置入0.05%焦亚硫酸钠溶液中，淹没菇体以达到护色目的。

（2）切片。用不锈钢刀片将菇体切成40毫米×10毫米左右、大小一致的菇片，切片后倒入焦亚硫酸钠溶液中。整个过程要迅速，避免在空气中停留时间太长，造成氧化褐变。

（3）热烫。将菇片捞出在沸水中热烫30秒左右，以使组织软化，利于糖的渗入，同时也起到钝化多酚氧化酶的作用。

（4）糖煮。在夹层锅内配制 60% ~ 65% 糖液，并加入糖液量 0.03% 的焦亚硫酸钠。以菇片与糖液 1∶3 的比例倒入菇片，加热至 80 ~ 85℃保持 40 分钟。整个过程控制温度不宜太高，当菇片含糖量达 40% 以上，即可停止糖煮。

（5）腌渍。将糖煮的原料浸入高浓度糖液中进一步腌渍。一般保持糖液浓度 70%，浸渍时间 20 ~ 24 小时，要求腌渍后菇片含糖量达 55% 以上。

（6）干燥。如制成湿态蜜饯，一般腌渍后取出，晾干即可包装为成品。干态蜜饯，要求将腌渍后菇片取出，沥去糖液，在 65 ~ 70℃温度下干燥 20 ~ 24 小时，直至菇片不粘手为止，含糖量达到 55% ~ 65%，经检验包装即为成品。

（7）质量指标。产品色泽白中带淡黄，具有蘑菇正常的滋味与气味；形状大小均匀，含糖饱满，不返砂，不流糖，质地致密；不得检出致病菌；总糖含量 55% ~ 65%，含水量 15% ~ 18%。

3. 食用菌蜜饯生产实例——平菇蜜饯

（1）选料整理。选菇体完整、肉肥厚，基本上未开伞的幼嫩子实体为加工原料。由于平菇菌盖与菌柄组织的质地差异较大，应将两者分开加工。菌盖以完整为好，一般不予修整；菌柄可切成长 2 ~ 3 厘米，厚 1 ~ 1.15 厘米的菇条，漂洗后沥干待用。用干菇柄加工，先用清水浸发 4 ~ 6 小时，回软后洗净使用。

（2）烫漂。菌盖要采用二次烫漂法。第一次烫漂水温 95 ~ 100℃，热烫 2 ~ 3 分钟；第二次烫漂水温 80 ~ 85℃，热烫 5 ~ 7 分钟。菌柄采用一次烫漂法，水温 95 ~ 100℃，热烫 7 ~ 8 分钟。捞起后，迅速放入冷水中冷却。

（3）硬化处理。用质量分数为 0.4% ~ 0.5% 的氯化钙水溶液浸泡，平菇与水的质量比为 1∶2，处理时间为 8 ~ 10 小时，然后用清水洗去残液。菌盖第 2 次烫漂在此时进行。也可用质量分数为 5% 石灰水作硬化剂，处理 12 小时，然后用清水漂洗 48 小时，期间换水 5 ~ 6 次。

（4）冷浸糖。将漂洗干净的菇体沥干，放入质量分数为 40%

的糖液中，冷浸 5～6 小时，使菇体初步析出水分，以减少煮糖时的损烂。

（5）糖煮。先配糖浆，糖浆的质量分数为 70%～80%，柠檬酸 0.8%～1.0%，苯甲酸钠 0.05%，依次放入水中；煮沸后，放入经冷浸的平菇中，大火煮沸，然后改用文火，以保持糖液微沸为度。煮制时要随时补充蒸发的水分，防止焦糊，使糖质量分数保持在 55% 以上，菌盖煮制时间为 60 分钟（菌柄 65～70 分钟），将糖液浓缩到质量分数为 72% 时即可起锅。煮糖时，菇体色泽会出现变化（灰→白灰→黄浅→黄→金黄）。

（6）烘干（上糖衣）、包装。将半成品移入烘房，在 50～55℃下烘干，温度不得超过 65℃，烘干约 4 小时，期间要时常翻动，冷却后即可包装。若用菇柄加工蜜饯，在烘干后可另包糖衣，即将白糖加入水中，熬至起丝后，再将干燥后的菇柄倒入锅内炒拌，使糖液包裹在菇体表面，成白色糖衣，然后包装。蜜饯包装一般分为 2 层，先用玻璃纸包，菇体大的 1 个/包，小的 2～3 个/包，然后再装入塑料袋中密封。

平菇蜜饯成品基本保持鲜菇扇形结构，呈金黄琥珀色，透明感强，口感良好，在常温下可保存 1 年。采用相同工艺，还可以生产香菇蜜饯和蘑菇蜜饯。

4. 食用菌蜜饯生产实例——香菇柄蜜饯

（1）选料浸泡。选择无褐变、无霉变、有香味、大小适中的香菇柄。将菇柄在清水中浸泡 4～6 小时，以达到纤维初步软化和去除异味的目的。

（2）压干整形。浸泡后捞出，剪去蒂头，剔除不合格的菇柄，经清水漂洗干净后在压干机上压至水分含量 65% 左右。将大小不一的菇柄切成长 2 厘米、厚 0.5～1 厘米的条，使外形美观，便于煮制和烘干。

（3）加糖煮制。先配制 50% 糖液，再倒入整形后的菇条，于锅中烧煮，不断搅拌。糖液与菇条比为 1∶1，每 10 分钟加 3% 的糖，糖液浓度煮至 68% 左右时出锅。整个煮制时间约 1 小时，前期温度可高些，后期要文火烧煮。在煮制过程中，要注意控制糖的浓度和温度，特别是终点时糖的浓度要低于 65%，以保证成品不软化，有咬劲；糖浓度高于 70% 易焦糖化。煮制过程中温度太高也容易加剧产品褐变。

（4）烘干（上糖衣）、包装。同上。

第三章　食用菌精深加工技术

食用菌精深加工技术有三个方面含义：一是指根据食用菌含有的活性成分，以食用菌为原料，经过特定的提取技术，提取其有效功能性成分，如水提物多糖、醇提物小分子等，然后以提取物为主要原料生产功能性保健食品、药品、化妆品、调味品等产品的技术。二是指利用发酵培养获得的菌丝体、发酵液为原料，生产功能性保健饮料、食品、药品、化妆品等产品的技术。三是指利用食药用菌中含有的具明确结构和功能的前体化合物为母体，利用化学合成技术开发药物或农药等。

食用菌精深加工技术是大健康产业背景下最值得关注的一项加工技术。精深加工技术的应用可使食用菌产品增值 10 ~ 20 倍，具有巨大的经济效益和潜在市场需求。食用菌精深加工技术目标产品为保健食品或药品，可沿如下方向进行产品研发。

（1）抗肿瘤和免疫调节作用产品。相关研究显示，有多种食用菌具有抗肿瘤的功效，如多孔菌属、侧耳属、牛肝菌属、香菇属、裂褶菌属等多种，其中的灵芝以及相关产品更是能够作为进行临床治疗的一种珍贵药材，具有显著的抗癌功效，既可以单独使用，也可以与放化疗结合使用。此外，云芝多糖、云芝糖肽、香菇多糖以及裂褶菌多糖等物质，将其加入临床药物之中，除了能够对肿瘤进行治疗以外，在免疫性缺陷疾病以及自身免疫病的治疗中也能够起到一定的效果。

（2）抗菌和抗病毒作用产品。食用菌中的多糖及其衍生物具有一定的抗病毒作用，部分多糖能够抑制艾滋病病毒，且研究显示，部分食用菌可以显著降低肝炎患者的血清谷丙转氨酶指标。

（3）保护心血管系统作用产品。因为食用菌中包含多酚类以及皂苷等物质，所以能够起到显著的降血压作用，其中的多糖能够降低胆固醇、血脂、血糖。已有实验证据显示，黑木耳、毛木耳等食用菌能够起到活血、益气、止痛的作用，有利于抑制血栓的形成。

（4）健胃助消化作用产品。如猴头菌所含的多糖能够对慢性溃疡起到显著的抑制作用，同时可以降低胃酸以及胃蛋白酶的活性，对慢性的胃黏膜损伤起到预防及治疗的作用；茯苓则能够对肠道菌群进行有效调节。

（5）通便利尿作用产品。食用菌中含有的丰富膳食纤维，能够有效抑制机体对脂肪的吸收，从而改善便秘的情况；茯苓菌醇提取物具有利尿的作用，在临床上一般应用于利水消收。

目前，我国以食用菌类为主的保健食品中，使用频次最高的原料分别为灵芝、茯苓、灵芝孢子粉、香菇、银耳、蛹虫草、猴头菇、姬松茸、木耳和金针菇等，功能定位上主要具有缓解体力疲劳、改善睡眠、增强免疫力、减肥、抗辐射、改善肠道功能等27项作用。根据不同的配方，有部分产品同时对两种保健功能进行申报，一般来说，常见的保健功能组合为"抗氧化"与"增强免疫力"，"增强免疫力"与"缓解体力疲劳"，"辅助降血脂"与"辅助降血糖"等。

在食用菌类保健食品的开发过程中，需要注意要适应不同消费层次以及消费市场，注意保持产品的系列化，同时在产品开发的过程中，需要应用高科技，并结合中医理论对产品功能进行定位。

第一节　食用菌超微粉碎技术

进行食用菌精深加工第一步就是要采用机械方法将蘑菇原料粉碎。蘑菇干品粉碎后即成为蘑菇粉，蘑菇粉可用于直接加工产品或用作提取有效成分的原料；鲜品或发酵获得的菌丝体粉碎后成为蘑菇浆，多作为生产食用菌饮料的原浆。食用菌粉碎一般逐级进行，先用普通粉碎机如中药粉碎机、万能粉碎机初步粉碎，然后再采用超微粉碎机加工成超细微粉。不同颗粒大小的蘑菇粉用途不一样，目前食用菌精深加工多用超微粉碎技术制成的蘑菇超细微粉。

一、超微粉碎技术原理

超微粉碎技术是 21 世纪的十大科学技术之一。其主要原理是利用机械或流体动力的方式克服固体内部凝聚力使之破碎，使物料的粒径达到 10～25 微米的超细微粉颗粒水平。该方法不仅可通过物理手段改变物质的物理状态，另外，在超微粉碎过程中，由机械力产生的化学效应，也可影响物料的化学构成，进一步改变其理化性质。

超微粉碎技术使产品粒度减小，比表面积剧增、细胞破壁率高，改善了物料的理化性质（分散性、吸附性、溶解性、化学活性、生物活性等），有利于原料中营养成分的释放，提高了吸收利用率；为原料应用拓宽了范围，给产品开发带来更多可能，可为消费者带来更好的感官体验，满足更高的需求；已成为食用菌在内的食品加工行业中一种理想的加工手段。

二、超微粉碎机械

（一）气流磨

气流磨又称流能磨或喷射磨，是利用压缩空气或过热蒸汽为工质产生高压，并通过喷嘴产生超音速气流作为物料颗粒的载体，使颗粒获得巨大的动能。两股相向运动的颗粒发生相互碰撞或与固定板冲击，从而达到粉碎的目的。与普通机械式超微粉碎机相比，气流粉碎机可将产品粉碎得很细，粒度分布范围更窄、更均匀。同时，因为气体在喷嘴处膨胀可降温，粉碎过程不伴生热量，所以粉碎过程中温度上升很低。这一特性对于低熔点、热敏性物料的超微粉碎特别重要。但是气流粉碎能耗相对较大，高于其他粉碎方法，且其存在粉碎极限，粉碎粒度与产量呈线性关系，若要求高的产量，那么只能得到粒度较大的颗粒。

（二）振动磨

振动磨是用弹簧支撑磨机体，由一个带有偏心块的主轴使其振动，磨机通常是圆柱形或槽形，外可带水冷或制冷降温装置。振动磨的效率比普通磨高 10 ~ 20 倍，其粉磨速度比常规球磨机快得多，而能耗比普通球磨机低数倍。这种设备的振幅一般为 2 ~ 6 毫米，频率为 1 020 ~ 4 500 转/分钟。多用于脆性非常大的物质破碎加工。在食用菌加工领域，主要用来机械破壁灵芝孢子粉。

（三）球磨机

球磨机是主要的细磨加工设备，它主要靠冲击进行破碎，所以当物料粒度较大时，球磨机的效果很好。而当物料粒度较小时，就存在效率低、耗能大、加工时间长等缺点。搅拌球磨机是利用研磨介质对物料的摩擦和少量的冲击实现物料粉碎的，它主要由搅拌器、筒体、传动装置和机架组成，是超微粉碎机中能量利用率最高的粉碎设备。

（四）冲击粉碎机

这种粉碎机利用围绕水平轴或垂直轴高速旋转的转子对物料进行强烈冲击、碰撞和剪切。其特点是结构简单、粉碎能力大、运转稳定性好、动力消耗低，适合于中等硬度物料粉碎。国内生产的高速冲击粉碎机用于超微粉碎取得了很好的效果。一般入料粒度 3 ~ 5 毫米，产品粒度 10 ~ 40 微米。

（五）超声波粉碎机

这种粉碎机主要靠超声波发生器和换能器产生高频超声波，超声波在待处理的物料中引起超声空化效应，由于超声波传播时产生疏密区，而负压可在介质中产生许多空腔，这些空腔随振动的高频压力变化而膨胀、爆炸，真空腔爆炸时产生的瞬间压力可达几千乃至上万个大气压。因此，真空腔爆炸时能将物料振碎。另外，由于超声波在液体中传播时产生剧烈的扰动作用，使颗粒产生很大的速度，从而相互碰撞或与容器碰撞而击碎液体中的固体颗粒或生物组织。超声粉碎后颗粒粒度在 4 微米以下，而且粒度分布均匀。但目前这种粉碎机生产效率较低，一般为每小时 10 千克左右，多用于实验室研发设备。

（六）均质乳化机

这种粉碎机主要用于液状物料，如含菌丝体的发酵液进行粉碎、细化、均质。其工作原理是通过机械作业或流体力学效应造成高压、挤压冲击和失压等，使料液在高压下挤研，在强冲击下发生剪切，在失压下膨胀，而达到细化和均质的目的。均质机的类型有高压均质机、离心式均质机、超声波式均质机和胶体磨式均质机等。多用于食用菌饮料加工领域。

三、超微粉碎技术在食用菌加工中的应用

目前，超微粉碎技术在食用菌加工中的应用主要有以下几个方面：一是制备的蘑菇粉可直接用于蘑菇粉冲剂、片剂等功能保健食品和调味品的加工；二是制备的蘑菇粉用作提取有效成分的原料；三是鲜品或发酵获得的菌丝体粉碎后获得的蘑菇原浆，多作为生产食用菌饮料的原浆；四是蘑菇粉、蘑菇原浆作为食品添加剂用于生产各类风味食品，蘑菇风味主食，如蘑菇面包、馒头、饼干等。

有学者报道气流粉碎后的杏鲍菇超微粉体提高了营养物质的利用率；其容积密度、比表面积、流动性、水溶性指数和蛋白质及多糖溶出率均好于常规研磨、剪切粉碎。还有研究将灵芝普通粉和超微粉对比，将适量灵芝常规粉碎机粉碎后，分别过 30 目、50 目、80 目筛，收集粉末即为普通粉；先将灵芝粗粉碎，再经超微粉碎机粉碎，过 300 目筛，即得灵芝超微。分别提取灵芝普通粉和超

微粉中三萜类成分，发现灵芝超微粉三萜类成分总提取率显著高于灵芝普通粉，表明超微粉碎技术有助于灵芝三萜类成分的溶出。

第二节　食用菌提取物的制备及相关产品

食用菌子实体不仅营养丰富，而且富含多种生理活性物质，利用热水、乙醇等方法可将水溶性营养物质、生理活性物质提取出来，开发相关产品，是食用菌一条可行的精深加工思路。特别是对于药用菌，如灵芝、桑黄等木质化子实体，进行提取加工是目前最好的利用方式，本书重点介绍既适合食用菌，又适合药用菌的多糖、醇提物提取技术及相关产品开发等。

一、食用菌多糖提取及相关产品研发

（一）食用菌多糖的结构和功能

1. 食用菌多糖的结构

食用菌中多糖含量十分丰富，但这种多糖不同于人类主食的淀粉，其单糖结构复杂，含葡萄糖、甘露糖等，同时单糖之间多以β-（1-3）糖苷键相连。由于人类分泌的消化酶不能破坏β型糖苷键，所以食用菌多糖进入人体后不能直接被分解利用。在食用菌子实体或菌丝体里，食用菌多糖常和蛋白质大分子相连，形成糖蛋白或蛋白多糖。

食用菌多糖根据其结构层次划分为四级，一级结构一般都是多糖的单糖残基的构造；食用菌多糖二级结构侧链的空间顺序影响不大，往往只会因为主链结构变化而受到一定的影响；三级结构是由糖残基中的羟基、羧基等官能团组成，在非共价的相互影响下组合成规则有序、粗大的空间构象；四级结构无非就是一些在非共价作用力影响下，形成的多聚体。

食用菌多糖的生物活性和自身结构存在着紧密关系。许多生物活性是由其3D结构（螺旋构象）产生的；食用菌多糖的葡聚糖结构是生物活性的基础，相对分子质量一般都在$1 \times 10^4 \sim 200 \times 10^4$Da范围，一旦分子质量超出这个范围，多糖生物活性的表达就比较困难。另外，食用菌多糖活性和$\beta - D -$葡聚糖结构之上的聚醛基等基团存在紧密的联系，具有分支的多糖其生物活性会受到影响。

2. 食用菌多糖的功能

目前，基于科学研究对食用菌多糖的功能定位有以下几个方面。

（1）提高免疫力、抗肿瘤作用。随着人类生活节奏的加快和现代化工业生产对环境的破坏，人类免疫力逐渐降低，发病率也逐渐上升。食用菌多糖是公认的免疫促进剂。食用菌多糖抗肿瘤作用机理除对肿瘤细胞有一定直接杀伤作用外，还主要通过激活免疫细胞的产生，促进其生成多种细胞因子，增强机体免疫功能等途径抑制或杀死肿瘤细胞；通过激活补体系统，增加中性粒细胞对肿瘤细胞的浸润，促使宿主细胞尽快恢复因肿瘤及感染而引起的体内平衡失调状态。

（2）降血糖作用。很多食用菌多糖可通过促进胰岛素的分泌，改善胰岛素抵抗，加速体内葡萄糖代谢及外周组织对葡萄糖的利用，减少对葡萄糖的吸收等途径实现降血糖。

（3）调节肠道菌群。肠道菌群与人体健康密切相关。许多疾病的产生不一定是由肠道菌群失衡引起，但往往这些疾病的症状都伴随着肠道菌群失衡。而肠道菌群易受人为调控，因而可以利用膳食、药物或菌群移植对患者或者亚健康人群进行干预，来达到改善甚至治愈某些疾病的目的。最新研究成果显示，一些食用菌多糖具有调节肠道菌群的组成和结构的作用；食用菌多糖发挥生理功效与肠道菌群的代谢有关，多糖的作用靶点很可能就在肠道。

（4）其他功效。现代科学证明，一些食用菌多糖还具有抗菌、抗运动病、降低胆固醇、防止血管硬化，排毒养颜、润肺益气，护肤、健脑、增寿等功效。

（二）食用菌多糖的提取方法

食用菌多糖分胞外多糖和胞内多糖。提取食用菌多糖，常规提取一般是首先将子实体烘干粉碎或发酵菌丝体从发酵液中分离出来打浆处理，然后用热水提取法或其他方法提取胞内多糖。可从发酵滤液中提取胞外多糖，一般是先把滤液过滤，再浓缩，最后用有机溶剂沉淀而得到。从多糖水溶液中制备多糖，首先可用透析或超滤等方法去掉小分子的单糖、寡糖、氨基酸、短肽、无机盐等，然后设法去掉水分。多糖提取一般工艺步骤如下：食用菌子实体粉碎或发酵菌丝体打浆→热水浸提→过滤→浓缩→沉淀→离心分离→多糖粗品→干燥→粗多糖成品。

1. 水提醇沉法

此方法是食用菌多糖最常用的方法。主要原理是利用食用菌多糖溶于热水而不溶于醇、醚、丙酮等有机溶剂。水提醇沉法的优点是：提取设备简单、操作容易、成本低廉，一次性投入较小，适用于大规模的工业生产。缺点是：耗时长，提取过程的醇使用量大，且多糖是热敏性物质，长时间在高温下会影响其生物活性。

（1）主要提取工艺。食用菌子实体干燥粉碎→脱脂肪→多糖的浸提→过滤（固液分离）→合并滤液→多糖沉淀→去蛋白质、脱色→多糖组分的分离纯化→纯多糖。

（2）主要技术要点。热水浸提的温度一般为 70~90℃，浸提时间为 2~6 小时，浸提次数为 2~3 次；合并所得多糖提取液后需要减压浓缩；浓缩液用 2~3 倍体积无水乙醇沉淀；固液分离，得粗多糖沉淀，此时多糖为含蛋白质的粗多糖；可采用去蛋白方法对粗多糖进一步纯化，可得纯多糖。

（3）说明。酒精沉淀中通常包含一些杂质，例如色素、蛋白质、单糖和寡糖等。在水提取过程中，可以使用活性炭去除色素。蛋白质杂质可以通过酶消化（例如，在 37℃ 下进行蛋白酶切消化 2~4 小时）、Sevag 方法、三氯三氟乙烷方法和三氯乙酸（TCA）方法去除。这些杂质也可以通过柱色谱法除去。

另外，除乙醇沉淀法外，还可以采用壳聚糖对多糖提取液进行沉降，除去溶液中悬浮颗粒、胶状物质、部分色素和蛋白质杂质，提高溶液的澄清度，降低溶液的黏度。

采用水提醇沉法制备多糖时，浸提开始前采用超声波辅助处理一定时间可以提高多糖收率。部分食用菌多糖水提醇沉法工艺参数如下：

蛹虫草子实体多糖：浸提温度80℃，浸提时间3小时左右，液料比41∶1（毫升∶克），浸提次数2次。此条件下多糖得率为6.3%。

猴头菌菌丝体多糖：水料比15毫升/克，浸提温度80℃，浸提时间2小时，浸提2次，多糖得率为8.87%。

2. 超滤浓缩提取法

超滤提取具有无相变、分离效率高、无需添加化学试剂、无污染、无需加热、耗能低、条件温和、流程短等优点，在生物工程及中药制剂的生产中得到了广泛的应用，可代替传统的过滤、萃取等分离技术。该方法用于食用菌多糖提取的主要原理是：在超滤过程中，溶剂和低分子溶质透过膜的同时，大分子多糖的扩散系数、传质系数小，被截留在膜表面处积累，然后再进一步分离纯化。采用超滤工艺脱除截留液蛋白质后，可直接干燥获得粗多糖。其提取工艺流程为：食用菌原料→烘干→粉碎→热水浸提→离心→超滤→醇析→真空干燥→粗多糖产品。

超滤用于食用菌多糖提取具有明显的优势，超滤提取工艺不会破坏多糖的结构成分及特性，且减少了温度对多糖的影响。

采用超滤浓缩醇沉法提取灵芝胞外多糖的超滤条件为：聚砜超滤膜截留分子量1万，压差0.2兆帕，料液浓度12.2毫克/毫升。

3. 超声波提取法

超声波提取技术是指以超声波辐射产生的骚动效应、空化效应和热效应，引起机械搅拌、加速扩散溶解的一种利用外场介入的强化溶剂提取方法。"空化现象"可产生瞬间几千帕压力，使提取介质中的微小气泡压缩、爆裂，破碎提取原料和细胞壁，加速目标提取物的溶出，"机械振动"和"热效应"进一步强化了溶出成分的扩散，整个过程在瞬间完成，从而提高了破碎速度，缩短了破碎时间，极大地提高提取效率，可大大缩短提取成本，提高产品质量，是当前浸出提取中最具前途的提取技术。用于食用菌多糖超声提取步骤是：食用菌原料→烘干→粉碎→超声浸提→薄膜蒸发→高速离心→真空冷冻干燥→食用菌多糖。

部分食用菌多糖超声波提取法工艺参数如下。

（1）银耳蒂头粗多糖。料液比 1∶90，超声功率 50 瓦，提取时间 100 分钟，粗多糖的提取率为 36.38%。

（2）金耳多糖。超声功率 518 瓦，超声时间 16 分钟，超声温度 50℃，粗多糖提取量为 2.85 克/升。

（3）蛹虫草多糖。物料粒度 0.15 毫米，提取次数为 3 次，微波功率 400 瓦，超声波功率 300 瓦，超声波处理时间 30 分钟，提取温度 70℃，料液比 1∶40（克/毫升），乙醇与浓缩液之比 4∶1（体积比），多糖提取率为 6.28%。

（4）超声波微波辅助提取桑黄多糖。超声功率 360 瓦，微波功率 100 瓦，提取时间 30 分钟，液料比 50 毫升/克时，多糖得率达 10.6%。

（5）猴头菌子实体多糖。超声时间 20 分钟，提取 2 次，提取温度 50℃，料液比 1∶15，多糖提取率为 6.2%。与热水浸提法相比，采用超声波提取缩短了近 4/5 的时间，提取率提高了 40%以上。

4. 酸碱浸提法

酸碱浸提法制备多糖的主要原理是：采用合适浓度酸碱液浸提食用菌子实体干粉，通过酸碱液的充分作用，使食用菌细胞、细胞壁充分吸水膨胀而破裂，从而使食用菌多糖充分游离出来，提高得率。后续的沉淀、纯化工艺等同水提醇沉方法。

常用的酸碱液有 0.5% HCl 溶液、1% Na_2CO_3 溶液等。虽然这种方法比热水浸提多糖收率更高，但存在酸作为提取介质时对多糖糖苷键具有一定的破坏作用，碱提后的溶液浓度增大，造成过滤困难等不足。

5. 酶解法

酶解法制备食用菌多糖是指在多糖提取过程中，适当加入降解蛋白质、纤维素、半纤维素和果胶等物质的酶制剂，不仅有利于多糖的浸出，提高溶出效率，而且为后续多糖的精制创造了有利条件。

酶解法的一般方法为：按一定料液比加入样品干粉、生物酶和蒸馏水，在合适温度和 pH 值条件下酶解处理一定时间，然后升温灭酶，离心取上清液，即可测定多糖含量。采用酶解法制备多糖时，酶解开始前采用超声波辅助处理一定时间可以提高多糖收率。但此法由于生物酶制剂成本较高，多用于实验室研究，大规模制备存在成本高等不足。

复合酶法提取猴头菌子实体多糖工艺为：pH 值 5.5，温度 50℃，酶解时间 90 分钟，多糖得率为 9.55%。

6. 超临界 CO_2 萃取法

超临界 CO_2 流体萃取（SFE）分离的主要原理是：在特定条件下，超临界流体可选择性地把对应极性、沸点、摩尔质量的成分提取出来。对应范围内所得到的提取物虽不是目的物的纯净物，但可通过控制条件使目的提取物的含量达最佳比例。萃取过程中，通过减压、升温的方法使超临界状态的 CO_2 变成气体状态，目的提取物则被释放析出，从而达到分离提纯的目的。

超临界流体萃取的优点是：一是选择性好，适合分离热敏物质，溶剂回收简单，提取速度较快。二是可通过调节体系的压力和温度，来控制溶解度和蒸汽压两个参数，所以该法综合了溶剂萃取和蒸馏的两种功能和特点。三是二氧化碳具惰性保护作用、无毒，萃取后无有害物质残留，可最大限度地保证产品的天然品质。其缺点为：需在相当高的压力下操作，压缩设备投资以及附加费用较大，对配套设备、操作人员要求较高，进一步提高了投资费用，且在连续化上还存在工艺设备方面的困难。

利用超临界 CO_2 流体萃取技术提取多糖已有研究报道，如超临界 CO_2 流体萃取茯苓多糖的优化提取条件为：萃取温度 35℃，萃取压强 20 兆帕，夹带剂（水）用量 0.4 毫升/克，萃取 4 小时，在此条件下茯苓多糖的平均得率为 5.276%。

（三）食用菌多糖的分离鉴定

1. 多糖的分离

由于提取的粗多糖为多糖混合物，所以，要获得较高纯度的多糖需要进行多级分离。分离多糖的常用方法：分级沉淀、超离心法、超滤膜分离等。超离心法是利用多糖分子质量的不同而进行分离纯化。分级沉淀是利用多糖对乙醇的难溶解性，采用乙醇分级沉淀，对低纯度的食用菌多糖进行纯化。超滤技术是一种新发展起来的现代分离技术，通过采用合适的超滤膜能够有效地分离提纯食用菌多糖，进一步提高多糖得率。采用超滤技术从食用菌浓缩纯化、澄清多糖，还可有效地去除多糖中的金属离子和低分子质量物质如单糖、含氮物质、无机盐等。此外，阴离子交换树脂也可应用于酸性多糖的纯化，不仅可去除色素、蛋白等非多糖成分，操作也更简单易行，是一种很有应用前景的多糖纯化方法。笔者实验室曾用 D941 树脂去除香菇多糖提取液中的色素、蛋白，脱色率、去蛋白率和多糖保留率分别达到 87.28%、92.34% 和 68.98%。此方法把多糖去色素和去蛋白合并为一步，缩短了多糖纯化的工艺流程，降低了成本，提高了效率。

2. 多糖的鉴定

多糖的纯度不能用通常化合物的纯度标准来衡量，因为即使是多糖纯品其微观也是不均一的，多糖的纯度只代表相似链长的平均分布。一般常采用紫外光谱、红外光谱等方法鉴定多糖的纯度。

另外，可用苯酚—硫酸法对提取物中多糖含量进行测定。该方法的主要原理是利用多糖在硫酸的作用下先水解成单糖，并迅速脱水生成糖醛衍生物，然后与苯酚生成橙黄色化合物，再以比色法测定。也可采用蒽酮—硫酸法显色，紫外分光光度法测定多糖的含量。

对于多糖中单糖的组分常采用首先将多糖样品经酸解为单糖，然后均经 1 - 苯基 - 3 - 甲基 - 5 - 吡唑啉酮（PMP）衍生化，分别采用高效液相色谱（HPLC）或高效毛细管电泳（HPCE）鉴定单糖种类及含量。

（四）食用菌多糖产品研发

1. 多糖保健食品

国内外以食用菌多糖为原料的功能性保健食品很多。如第一军医大学等单位研制的"无限极口服液"，其主要成分为香菇、茯苓、银耳、金针菇多糖和一些中药提取物的复合物；浙江大学研制的莎克来复合多糖胶囊，主要成分为香菇、灵芝、灰树花、硒酵母多糖的提取物。隆力奇保和堂无忧果食用菌胶囊主要成分是灵芝粉、虫草菌粉、北冬虫夏草、破壁灵芝孢子粉、灵芝多糖。新西兰安发国际的甘诺宝力复合活性多糖保健胶囊主要成分是：灵芝、冬虫夏草、猴头菇和云芝等活性多糖。

2. 多糖化妆品

食用菌资源丰富，品类众多，而且具有良好的抗氧化、抗衰老、美白、保湿、抗敏、抗炎和抑菌等皮肤护理功效活性，因此食用菌在化妆品领域的应用将是必然之势。近年来，以食药用菌多糖为主要原料的化妆品专利也很多，开发的化妆品包括多糖洁面啫喱、护肤水、护肤精华液、水润乳液、特润霜等，此系列化妆品具有很好的保湿滋润、紧致肌肤、晒后修复功效。

来自化妆品市场相关数据显示，在 2008 年 1 月—2011 年 12 月，市场上推出的将食用菌成分作为化妆品活性功效成分的产品增长迅速，其中含食用菌活性物质化妆品的生产公司有雅诗兰黛和强生等，这些产品中，有利用蘑菇提取物制成的具有抗衰老作用的毛孔细致面膜，有利用冬虫夏草、灵芝、斑玉蕈、白桦茸提取物制成的具有调动肌肤正能量、延缓老化的韦博士综合菇菌系列产品，有利用灵芝提取物制成的具抗氧化、抗衰老作用的灵芝重生透亮活肤精华产品等。另外，北京同仁堂开发的灵芝水凝面贴膜也已上市。

还有许多其他种类的食用菌尚未进行研究开发，因此，食用菌在化妆品领域中的应用具有非常大的潜力。

3. 多糖药品

临床上正式应用的食用菌多糖药物有灵芝多糖、香菇多糖、茯苓多糖和裂褶菌多糖等，主要作为癌症患者治疗的辅助药物。如用子实体制备这些药用多糖，主要技术难点在于纯化。

二、食用菌子实体饮料加工技术

食用菌饮料是指采用食用菌子实体、菌丝体及其培养液浸提、发酵或直接加工得到的一类产品，其兼具食用菌的营养、风味，可以起到提高人体免疫力、抗肿瘤、降血糖等作用。本部分重点介绍子实体食用菌饮料，发酵饮料见下节发酵产品部分。

食用菌子实体饮料是指采用子实体干品或新鲜子实体，经过浸汁或榨汁后，得到含部分有效成分的饮料原浆，再经过稀释、加入一些调味辅料调配而成的饮料。如日本的蘑菇、平菇营养保健饮料，我国的银耳琼浆、猴头露、香菇茶、香菇可乐、灰树花保健饮料等都是按这种方式生产的。但采用这种方法生产的饮料不足之处在于难以解决饮料的增香、增鲜问题。

以香菇保健饮料为例，其主要工艺流程为：鲜香菇→挑选→清洗→打浆→胶磨→香菇原汁调配→均质→灌装→杀菌→成品。产品组织形态均一、色泽呈乳白。可在子实体原汁或浸泡提取有效成分中添加酸味剂、甜味剂、香精或果汁等辅料制成产品，如可与木瓜汁、草莓汁混合，配成混合饮料。

严格意义讲，以子实体为原料，用食用酒精、饮用水浸泡获得的蘑菇酒、蘑菇茶也都属于饮料产品，如灵芝酒、虫草酒、桑黄茶等。方法参照食用菌家庭消费部分。

（一）灰树花保健饮料

1. 工艺流程

菇体粉碎→热水浸提→过滤→浓缩→低温沉淀→分离→配制→

装瓶→杀菌→成品。

2. 技术要点

将灰树花子实体用粉碎机粉碎，细度以能提高抽出率为准。热水浸提时，料水比为1:（10~15），在90~100℃下加热2~3小时，使水溶性成分转移至液相，然后过滤去渣。滤液中的主要成分除灰树花多糖和果胶外，还含有氨基酸、肽类、核酸及少量矿物质。然后，在其中加入糖和有机酸等调味品，按常规法装入瓶或罐，经杀菌后即可获得耐贮藏、风味佳的灰树花保健饮料。

（二）香菇保健饮料

将新鲜香菇破碎后放入装有搅拌机和蒸汽加热盘管的不锈钢容器中，再添加适量椰子水，升温到60℃，缓慢搅拌提取15小时，过滤得提取液。将提取液与乳化剂、椰子油、胡椒、谷氨酸钠、食盐复配后作均质处理，经装瓶灭菌就制成了乳状的香菇保健饮料。

（三）银耳保健饮料

称取50千克银耳放入装有搅拌机和蒸汽加热盘管的不锈钢容器中，再加入2.5吨椰子水，升温到70℃，缓慢搅拌提取3小时，挤压过滤得提取液。采用该提取液100千克，放入同样容器中，再添加砂糖10千克、70%的山梨糖醇水溶液1千克、柠檬酸500克和作为稳定剂的海藻酸钠600克，在40℃条件下进行搅拌混合，再经装瓶灭菌，即制成银耳保健饮料。

三、食用菌醇提物制备及相关产品研发

食用菌醇提物是指用食用酒精萃取食用菌干粉获得的提取物，由于醇提物里面含有大量的黄酮、甾醇类、三萜类、核苷类等小分子活性物质，表现出抗氧化、抗肿瘤、抗病毒、降糖等多种功效而日益受到重视。乙醇提取后的菌粉烘干后就是良好的膳食纤维原料。食用菌醇提物和膳食纤维产品的研发对提高食用菌产业的精深

加工技术水平具重要意义。

（一）食用菌醇提物和膳食纤维的制备方法

将子实体烘干打碎成粉，进行称重；按干粉质量（克）：乙醇体积（毫升）=1:10 加入 95% 无水乙醇；混合器搅拌 4～5 小时后静置过夜；用抽滤的方法实现固液分离；如此反复抽提 3～5 次，直至滤液颜色非常浅；合并滤液，45℃减压蒸馏；得到的蒸馏产物真空干燥，即得乙醇提取物。

将乙醇提取后的菌粉烘干后就是膳食纤维原料。

（二）食用菌醇提物产品研发

目前，对食用菌乙醇提取物的开发利用主要集中在两个方面，一是研究领域可以醇提物为材料，继续分相，采用分离纯化、核磁、质谱等技术，寻找活性小分子，为药物的开发提供先导化合物。二是醇提物标定主要成分及功能后，可直接作为生产保健产品的原料。

笔者实验室多年来一直深入进行醇提物的研究与开发。目前，发现两种抗氧化、抗肿瘤生理活性较强的小分子，一是异牛肝菌素，来自黄乳牛肝菌提取物；二是新型香豆素，来自卷边网褶菌。在醇提物保健产品开发领域转让了 3 项发明专利，相关企业正在申报批号。

（三）食用菌膳食纤维产品研发

膳食纤维一般指在人体小肠内不能消化吸收，聚合度不小于 10 的碳水化合物聚合物，包括一部分不能被消化的多糖、寡糖、木质素以及其他植物缔合物。根据膳食纤维溶解特性可将其分为水溶性和水不溶性两类，其中水溶性膳食纤维主要包括葡聚糖、抗性糊精、羧甲基纤维素、植物胶体等；水不溶性膳食纤维主要包括纤维素、半纤维素、木质素等。

虽然膳食纤维不能被人体消化吸收，但大量研究表明，摄入足够量的膳食纤维对于平衡人体营养，调节机体生理功能，防治心脑血管疾病、改善肠道功能、降血糖、降血脂、抗肿瘤等多种疾病有着重要作用，所以膳食纤维被列为继蛋白质、脂肪、糖类、维生素、矿物质和水之后的"第七大营养素"。

与普通膳食纤维相比，食用菌膳食纤维作为真菌类纤维，除具有普通膳食纤维的生理功能外，还具有高蛋白、低脂肪、富含免疫活性物质及独特风味等特性。

在食品加工中适量添加不同种类食用菌膳食纤维，即可制成具有不同特色的功能食品和风味食品。如可将食用菌膳食纤维添加到面包、面粉、馒头中，形成系列风味主食。在饼干等膨化类休闲食品制作过程中添加适量食用菌膳食纤维，可制成高纤维膨化保健休闲食品。在饮料中添加适量的食用菌膳食纤维，不仅可发挥它的保健功能，还可以使饮料中的其他微粒分布均匀，不易产生沉淀和分层现象，从而提高产品的稳定性、改善口感。在肉类制品中添加适量的食用菌膳食纤维，不仅能降低能量和脂肪的摄入，还可提高肉品营养、改善肉品风味、增进食欲。

总之，食用菌膳食纤维相关产品的研发已成为食用菌精深加工中的一个重要方向，总体利用原则是用量上既要满足食品功能特点，又要防止添加过多影响食品品质。

第三节　食用菌深层发酵培养及相关产品

食用菌深层发酵培养技术是指应用特定的生化反应发生器（发酵罐），向其中加入培养基、接种食用菌菌种后，利用设备控制系统为菌种生长创造良好的生长条件，使菌种在培养基中快速生长繁殖，最终获得大量菌丝体及代谢产物的生产过程。由于深层发酵技术具有生产周期短、过程可控性好，常用于食药用菌保健产品、药品、饮料等产品的生产，可确保产品质量稳定，便于质量控制。

一、食用菌深层发酵培养技术

（一）培养基

在食用菌深层发酵培养过程中，不同的食用菌要选择不同的培养基，天然培养基或合成培养基均可。但不管选择哪一种培养基，都要确保其中碳源、氮源、无机盐、微量元素、维生素和生长素充足，酸碱度适宜。

（二）深层发酵培养

食用菌深层发酵培养过程，是沿"母种→一级种子→二级种子→发酵罐"逐级放大的过程。所用的设备有消毒灭菌设备、空气净化设备、发酵生产设备、后期处理设备等。

消毒灭菌设备主要包括高压蒸汽发生设备、空气净化设备及管路。高压蒸汽主要用于发酵培养前的空消和实消。空消是指对整个发酵培养设备和管道在没有进入原材料前进行全面消毒。实消是指对装有液体培养基的装置，采用高温蒸汽消毒。空气净化设备可保障食用菌深层发酵培养过程中所需的无菌空气（氧气）。

发酵生产设备主要包括种子罐、发酵罐及相关检测控制系统。发酵培养过程中要密切监控菌丝的生长状况、酸碱度变化、杂菌污染情况等，可根据变化情况采取补料、调节酸碱度等措施。

后处理设备根据生产产品情况完全不同。饮料生产需要破碎、匀浆、调配、灌装等设备；药品生产需要固液分离、提取、检测等设备。

二、食用菌深层发酵产品

（一）食用菌发酵饮料

研究表明，菌丝体的营养价值一般高于子实体，而在工业生产过程中液态深层发酵具有很多优点，如耗时短、成本低、效率高、有效成分全面。因此，利用液态发酵生产的菌丝体生产食用菌保健饮料被更多地应用于生产中。

食用菌发酵饮料的制备有两种方法。一是采用深层发酵法获得发酵液及菌丝体，然后采用热水浸提或酶解技术处理菌丝体，采用过滤技术得到发酵饮料原液，再进一步勾对成各种饮料。二是以食用菌子实体或菌丝体浸提液为培养基，进一步采用啤酒酵母、乳酸杆菌或醋酸杆菌等发酵，获得食用菌复合发酵饮料。

1. 食用菌一次发酵型饮料

主要是利用液体或固体培养基发酵法得到食用菌菌丝体，过滤发酵液或提取菌丝体的有效成分，经调配添加其他成分如甜味剂、酸味剂、稳定剂等得到的产品。以松乳菇饮料为例，工艺流程主要为：发酵液预处理→过滤→提取→调配→过滤→脱气→灌装→杀菌→冷却→贮藏。此法生产的产品不易产生沉淀，形态稳定，香气协调，具有食用菌特有风味。此外还有蜜环菌、榆黄蘑发酵饮料等。

一次性发酵饮料不但保留了食用菌原有的风味物质，还能减少有效功能性成分的流失。经过调配、添加辅料，其感官指标得到提高。但是菌丝体发酵液的风味物质和功能性成分的积累一般无法达到子实体的水平，为了提高产品价值，必须在发酵技术及菌种选育方面进行更多的试验研究，改善发酵条件、固体发酵培养新品种。目前，在国内已有产品问世，如猴头露、香菇保健饮料、羊肚菌发酵饮料等。

（1）金针菇保健饮料。日本已经用发酵罐大量培养金针菇菌丝体，应用于临床治疗各种癌症和制作儿童保健饮料。

金针菇保健饮料生产的技术要点是：在1千克椰子水中添加葡萄糖55克、磷酸二氢钾0.2克、磷酸氢二钾0.4克和硫酸镁0.2克配制成培养液；把培养液放进预先灭菌的容器中，再经过热蒸汽灭菌后冷却；然后接入金针菇菌种，在25℃±2℃下培养，以每分钟140转速搅拌输入无菌空气培养7天。培养结束过滤，得滤液A。过滤所得菌丝体再经过热水浸提、减压浓缩、过滤分离，得滤液

B。混合 A、B 滤液进行科学配制，装瓶灭菌即制成金针菇菌丝体保健饮料。

（2）蜜环菌保健饮料。将利用深层发酵培养法获得的菌丝体加工制成蜜环菌保健饮料。其制作方法是：把深层培养获得的菌丝体加 1 倍水加热到 80℃ 保温 1 小时，真空抽滤，浓缩至比重 1.1～1.2。按蜜环菌浓缩液 60%、柠檬酸 0.2%、牛奶粉 2%、苯甲酸钠 0.4%、无离子水 37.8% 的配比配制饮料，然后加热至 60℃，搅拌 1 小时，冷却至 50℃ 后过滤、装瓶、灭菌即得成品。饮用时加 1～2 倍温开水调匀。

蜜环菌保健饮料外观为红棕色浓汁，口感好，后味微苦，香味如咖啡样芳香，非常适宜老年人饮用。

（3）蛹虫草保健饮料。笔者课题组以虫草素、多糖含量较高的蛹虫草菌株为菌种，利用深层发酵技术获得蛹虫草发酵液和菌丝体。随后，不经热水浸提或酶解技术处理菌丝体，而采用机械破碎和菌体自溶技术直接处理发酵液和菌丝体得到饮料原浆；原浆按一定比例与纯净水勾对，并添加适量调味剂、稳定剂等，经高压均质处理，灭菌、封装后即为饮料成品。该项目产品已经产业化。

2. 食用菌复合发酵饮料

以食用菌子实体或菌丝体浸提液为培养基，进一步采用啤酒酵母、乳酸杆菌或醋酸杆菌等发酵，获得的蘑菇酒、蘑菇醋、蘑菇酵素、蘑菇乳酸菌饮料等都属于复合发酵饮料。本书将蘑菇酒、蘑菇醋、蘑菇酵素单独作为发酵产品介绍。

日常生活中，人们最喜爱的还是乳酸菌发酵产品，如酸奶。其实利用乳酸菌发酵生产食用菌饮料，所得产品不仅味道柔和，风味独特，而且还具有促进胃肠道消化吸收的功效。发酵原料可以采用子实体或菌丝体，还可进行混合菌种发酵，调和饮料风味。

（1）灵芝功能性复合饮料。鲜奶与灵芝发酵液按 9:1 配制，蔗糖质量浓度 7 克/毫升，添加稳定剂海藻酸丙二醇酯和羧甲基纤维素钠分别为 0.2% 和 0.1%。保加利亚乳杆菌和嗜热链球菌以 1:1 比例混合，3% 接种量，在 45℃ 恒温发酵 3～4 小时，所制饮料含有乳蛋白、乳糖等，为口感良好功能性乳酸饮料。

（2）凝固型鸡腿菇酸乳。以鸡腿菇和牛乳为原料，用保加利亚乳杆菌和嗜热链球菌为发酵剂进行乳酸发酵，鸡腿菇汁量10%、糖量7%、乳粉量4%、接种量3%，在42℃条件下发酵4.5小时。所得凝固型鸡腿菇酸乳色泽淡黄、菇味清香、酸甜适口。

（3）茶树菇风味酸乳。以茶树菇浸汁、脱脂乳为主料，白砂糖、明胶等为辅料，采用嗜酸乳杆菌和嗜热链球菌进行发酵制成。配方为：3%茶树菇浸汁、10%的脱脂乳、6%白砂糖、0.1%明胶，3%发酵剂接种量。于42℃下发酵260分钟即成。

综合来看，乳饮料市场种类繁多，但营养丰富、口感好，兼具健康食疗功效，吸引消费者的口味，是食用菌乳饮料取得市场成功的关键。

（二）蘑菇酒

1. 酿酒原理

蘑菇酒是以食用菌子实体或菌丝体为原料，以酿酒酵母为产酒菌种，参照传统酿酒工艺，制作而成的具食用菌风味、且含酒精的饮料产品。如灵芝葡萄酒、姬松茸保健酒、羊肚菌保健酒等。由于酵母菌发酵主要以糖为主要营养物质，因此在发酵过程中以食用菌菌丝体或子实体为基础，需添加果汁或糖才能够达到酵母菌发酵条件。

2. 工艺流程

蘑菇保健酒的一般工艺流程为：子实体、菌丝体或发酵液→发酵醪液→前酵→后酵→陈酿→过滤→杀菌。

3. 技术要点

重点介绍以干子实体粉为原料的酿酒技术（注：引自日本文献）。

（1）蘑菇原料处理。在干蘑菇粉中加入30%的水，拌好后通蒸汽，加热杀菌40～60分钟，同时还可去除蘑菇异味。也可采用蘑菇热水浸提液代替干菇粉作为原料使用，但发酵速度较慢。

（2）糖化处理。蘑菇粉为 1% ~5%，曲子为 3% ~10%，糖类为 10% ~30%，在 50 ~55℃下糖化 3 小时左右。若使蘑菇酒味道更好，还可加些粗米、白米等。

在处理好的蘑菇粉中加入柠檬酸生成霉菌，如黑曲霉 *Aspergillus oryvae*、*A. wamor* 等。加入柠檬酸生成曲霉，不仅可以提高氨基酸量，而且由于柠檬酸的生成，酸味会很清口。由于蘑菇粉与粮食比营养少，为促进发酵，还要加糖类如蔗糖、葡萄糖、果糖、麦芽糖、糖蜜等。但从风味上考虑最好使用果糖。

（3）产酒发酵。糖化结束后，制成了由蘑菇粉、曲子、糖类等组成的糖化液。此时，要接种酿酒酵母，酿酒酵母要提前进行培养，在液体培养基上酵母接种后，在 25℃下大约培养 3 天。按酿酒酵母与糖化液 1:10 的比例混合制成酒母。用乳酸或柠檬酸调整 pH 值至 3 ~3.5，最好使用乳酸，因为乳酸具有一定防杂菌污染的效果。酒母在 15℃条件下进行发酵培养一段时间后，再加入 4 倍量的糖化液作为第一次酿造，发酵 2 天；而后再加入 5 倍量的糖化液作为第二次酿造发酵。大量生产时，可进行第三次酿造。酒精发酵同时，蘑菇中的香味物质也从酒液中析出。

（4）收原酒。发酵结束后，过滤收集发酵液。为防止变质可添加偏亚硫酸钾 50 ~150 毫克/千克。然后静置，滤液上清液即为原酒。原酒依蘑菇的种类不同而呈不同颜色。

（5）蘑菇酒。将原酒在 60℃下加热 10 钟，然后保存 6 ~8 个月，使之成熟，再用活性炭过滤、调色、调味即得蘑菇酒产品。制得的蘑菇酒多呈淡琥珀色，酒精浓度为 1.5% ~5%，pH 值为 3.2 ~3.5，酸度为 6 ~6.5，含 2 ~3 克/升的蘑菇精，有降低胆固醇等保健作用。

（6）操作实例。在蘑菇粉中加水 30%，蒸汽处理 50 分钟。按蘑菇粉 12 克、白糖 20 克、果糖 100 克，再加水 340 毫升配方进行糖化。在此糖化液里加入预先培养好的葡萄酵母 40 毫升，在 15℃下发酵 4 天；然后再加入前述的糖化液 1 600 毫升，在 15℃下继续发酵；再次加入前述糖化液 8 000 毫升，15℃下发酵 2 天后进行上槽，固液分离便得滤液 9 000 毫升，添加偏亚硫酸钾 80 毫克/千克。除渣后滤液在 60℃下加热 10 分钟。而后保存成熟 6 个月后再进行活性炭过滤，即得 8 500 毫升的酒。此酒呈淡琥珀色，酒精浓度为 11%，pH 值为 3.4，酸度为 6.2，蘑菇精含量为 2.7 克/升。

（三）蘑菇醋

食用菌醋以食用菌为主料，经过菇菌发酵、酒精发酵和醋酸发酵等过程获得的发酵产品。产品富含氨基酸及真菌多糖，具有一定的保健功能；含可溶性固形物，不添加化学物质，风味独特，可用于烹调，也可降低酸度后作为保健醋饮品，鸡腿菇、猴头菇、灵芝等都可以用作菌醋生产原料。

一般生产工艺为：食用菌子实体或菌丝体→糖化→酒精发酵→醋酸发酵→过滤→灭菌→配制→成品。

（1）灵芝果醋。以灵芝发酵菌丝体和苹果汁为原料。活化酵母接种量为 0.02%，适温 30℃酒精发酵 5 天；醋酸发酵适温 35℃，接种量 10%，起始 pH 值 5.5。成品果醋配比为：原醋:蜂蜜:苹果汁为 5.5%:3%:60%。

（2）猴头菌醋。以猴头菇菌丝体为原料。酒精发酵 3 天，温度为 30℃，接种量为 5%；醋酸发酵 7 天，温度为 33℃，接种量为 10%，空气流量为 1:0.2（体积比）。

（四）食用菌酵素

目前，我国市场上酵素产品很火，但酵素的原意是指"酶"，在日语和我国台湾汉字中仍有"酵素"这一词，并且特指酶。2016 年中国生物发酵产业协会发布的《酵素产品分类导则》团体标准第 2.2 条中将酵素定义为：以动物、植物、菌类等为原料，经微生物发酵制得的含有特定生物活性的产品。

按照这一定义，酵素产品是指以一种或多种蔬菜、水果、中草药等为原料，通过酵母菌、乳酸菌、醋酸菌、食用真菌等益生菌发酵而成的，含有丰富维生素、矿物质和次生代谢产物的功能性发酵产品。如今大多数酶素产品中，既包括酶，又包括产酶微生物以及其代谢过程中转化产生的各类物质，是广义的酵素，强调其微生态整体。这种酵素其实与纳豆、葡萄酒、泡菜和红茶菌等发酵制品类似，其生产制造都依靠微生物产生的酶的作用。正是这些微生物及其代谢产物，奠定了酵素具有平衡机体、消炎抗菌、美白抗氧化、解酒护肝、防治心脑血管疾病、增强机体免疫力等保健功效的物质基础。

目前市场上的酵素产品划分为：液体酵素、粉体酵素、酵素片剂（胶囊）、膏体酵素和其他种类产品。

按照酵素产品的定义，食用菌酵素产品制备分两步：首先是选择合适的食用菌菌种，如灵芝、猴头菇、蛹虫草等，配制合适的液体培养基；随后以深层发酵产物为培养基，灭活处理后，接种乳酸菌、醋酸菌等益生菌，继续发酵培养，得到的复合发酵产物也是酵素。目前，市场上尚无食用菌酵素的产品，但结合深层发酵技术开发这类产品市场潜力巨大。

最近，日本一公司推出一款食用菌酵素饮料，该产品主要以灰树花、灵芝、香菇、云芝、猴头菇、银耳、桑黄、姬松茸共 8 种食药用菌提取物，以及 80 多种水果、蔬菜等原料，通过精心发酵，陈酿 1 年以上而成，香气十足，市场异常火爆。

（五）菌物药

菌物药是以真菌自身组织（子实体、孢子等）或采用一定的工艺技术从真菌组织及发酵菌液中提取出的功能因子（多糖、甾醇、黄酮、生物碱等）制成的一类具有特殊生物活性的生物制剂。菌物药按照入药方式分为两类：一类称为药用真菌，是指菌物自身组织，如子实体、菌丝体、孢子或菌核等经过简单加工后直接作为药物来用于预防、抑制或治疗疾病；另一类是真菌药物，即指从真菌的组织或发酵菌液中提取出的一些多糖、氨基酸、蛋白质、甙类、生物碱、甾醇类、黄酮类等营养因子和代谢产物。

食药用真菌是菌物药的重要来源。以食药用真菌自身组织如子实体、菌丝体、菌核等入药者称食药用真菌。随着科学的发展，国家越来越重视菌物药的研发，涌现出了北京千菌方菌物科学研究院、黑龙江省菌物药工程技术中心等专业研发机构，出版有《中国菌物药》期刊，彰显出菌物药的美好发展前景。

1. 食药用菌研发概况

我国对食药用菌的开发利用具有悠久的历史。最早药物书《神农本草经》、汉代东方朔《十洲记》、唐代陈藏器《本草拾遗》、元代吴瑞《日用本草》及明代李时珍《本草纲目》中对食药用菌都有较详细的记述。据文献统计，我国已报道食药用真菌近 1 000 种，共有 450 余种药用真菌具有药效，其中具有抗癌活性的达 184 种。正式列入的药用真菌约有 50 多种，常用的有 30 多种，被明确纳入药典的有六种，分别为，灵芝、云芝、茯苓、猪苓、雷丸和冬虫夏草。

2. 食药用菌作为菌物药的科学依据

食药用菌之所以可作为菌物药，主要源于其含有功能性化学组分。

（1）多糖类。食药用菌多糖被称为"生物反应调节剂"，已成为医药和保健品研究的热点。它是一种非特异性免疫促进剂，能提高机体免疫力，具有显著的抗肿瘤活性，可调节机体代谢水平，延缓细胞衰老进程。目前很多食药用菌多糖已进入临床和市场阶段，如：香菇多糖、银耳多糖、云芝多糖、茯苓多糖和猪苓多糖等。

（2）生物碱类。从食药用菌中发现的有生物活性的生物碱类物质有吲哚类生物碱、腺苷嘌呤类生物碱、吡咯类生物碱和环肽类生物碱等。

（3）萜类化合物。食药用菌中具有药用价值的萜类主要是倍半萜类化合物、二萜类化合物和三萜类化合物。

（4）甾体类及其他化合物。主要包括甾醇类、抗生素、色素类、醌类、类脂、环肽、非蛋白氨基酸类、有机酸、多元醇（酚）、维生素和矿物质等。

3. 菌物药产品现状

目前，市场上的菌物药绝大多数是以某种药用菌为菌种，采用深层发酵技术获得菌丝体及发酵液，以菌丝体或菌丝体多糖为原料制备的药物。主要原因是深层发酵技术工艺稳定，进而可确保产品质量稳定。

（1）益肾康胶囊。是采用白囊耙齿菌深层发酵物提取的粗多糖生产的药品，具有清利湿热的功效，用于慢性肾小球肾炎患者。国内有多家制药企业生产。

（2）金水宝。是采用冬虫夏草中分离的蝙蝠蛾拟青霉"Cs-4"菌株的发酵产物生产的药品，有胶囊和片剂。具有补益肺肾、秘精益气的功效。用于肺肾两虚，精气不足，久咳虚喘，神疲乏力，腰膝酸软等症状的治疗。有的产品添加有西洋参，具有增强免疫力、提高缺氧耐受力、缓解体力疲劳的保健功效。

（3）宁心宝。同样是采用冬虫夏草中分离得到的虫草头孢菌株的深层发酵菌丝体的干燥粉末制成的胶囊。具有提高窦性心律，改善窦房结、房室传导功能，改善心脏功能的作用。用于多种心律失常，房室传导阻滞，难治性缓慢型心律失常，传导阻滞等治疗。

（4）亮菌片。是采用假蜜环菌菌丝体发酵产物制备的用于急性胆囊炎治疗的药品。

此外，还有灵芝菌片、猴头菇片、云芝肝泰冲剂等，均是采用相应菌种的深层发酵产物制备的药品。1992年，卫生部批准槐耳菌质（药材）和槐耳冲剂（后改名金克槐耳颗粒剂）（药品），均为中药一类新药。

（六）实例——香菇多糖注射液制备技术

1. 菌种及设备

（1）菌种。香菇808、0912等适用于液体深层发酵培养的菌株，任选其一即可。

（2）设备。高压灭菌锅、超净工作台、恒温培养箱、摇床、种子罐、发酵罐、离心机或固液分离装置、组织捣碎机或匀浆机、干燥箱等。

2. 技术要点

（1）母种活化。将保藏香菇母种接种到活化培养基试管或平板（马铃薯 200 克、葡萄糖 20 克、磷酸二氢钾 2 克、硫酸镁 0.5 克、维生素 B$_1$ 10 毫克、琼脂 20 克、水 1 000 毫升）上。恒温培养箱中 25℃培养 12 ~ 14 天。

（2）摇瓶种子培养。将活化母种接种至装有摇瓶培养基（玉米粉 30 克、麸皮 20 克、葡萄糖 20 克、无机盐及维生素适量、水 1 000 毫升）的三角瓶中，于恒温培养摇床 25℃、150 ~ 180 转/分条件下培养 5 ~ 7 天。

（3）发酵培养。将摇瓶种子均质化处理，使菌丝团破碎为 50 ~ 1 000 微米后，接种至盛有发酵培养基（玉米粉 40 克、黄豆粉 15 克、葡萄糖 10 克、氯化钙 0.1 克、硫酸镁 0.5 克、维生素 B$_1$ 100 微克、水 1 000 毫升）的发酵罐中，接种量按体积比 10% 计算。发酵培养条件为温度 25℃，通过搅拌转速和通气量调节溶氧。发酵周期为 120 ~ 150 小时。

放罐标准为：发酵料液为淡黄色，具典型的鲜香菇香味；无杂菌污染；菌丝球直径在 1 ~ 2 毫米，且均匀分布发酵液。

（4）菌丝体收集。采用离心机或固液分离装置去除发酵液，收集香菇菌丝体。

（5）菌丝体浸提。将菌丝体采用组织捣碎机或匀浆机破碎成段，加入 10 倍菌丝体体积的 95% 乙醇，60℃保温浸提 24 小时，并经常搅动。用细纱布过滤收集滤液，滤渣再用 8 倍菌丝体体积的 85% 乙醇浸提，用同样方法收集滤液；滤渣再用 6 倍菌丝体体积的 75% 乙醇浸提，用同样方法收集滤液。将三次滤液合并，置于冰箱或冷库保存备用。

（6）滤液浓缩。将低温静置处理的滤液，减压蒸馏回收乙醇。蒸馏温度在 60℃左右。将蒸馏浓缩的滤液放在搪瓷盘中，放到鼓风干燥或真空干燥箱中 70 ~ 80℃处理，得黏稠状、50% 左右的香菇多糖乙醇溶液（香菇酊）。

（7）调配过滤。将上述香菇酊收集在一起，加入体积比为0.3%的活性炭，煮沸10分钟进行脱色处理，然后过滤或离心，得到澄清、透明的滤液。冷却至室温后，加入0.2%的吐温80，充分搅拌均匀，过滤收集滤液；滤液再加入1.5%的苯甲醇，混匀，用10%的氢氧化钠溶液调节pH值在6.5左右，4～8℃冰箱静置过夜。再将滤液用细菌过滤器除菌，得到澄清透明的香菇多糖注射液。

（8）灌装灭菌。将安瓿瓶清洗干净，用蒸馏水煮沸消毒30分钟，干燥后包装、高压灭菌。在严格无菌条件下，将除菌药液分装到安瓿瓶中，立即在喷灯上封口，100℃流动蒸汽灭菌30分钟，即成香菇多糖注射液成品。

（9）说明。生产中也可用香菇子实体干粉（60目）替代发酵获得的菌丝体制备香菇多糖注射液；符合《中国药典》或国家相关质量检测标准的香菇多糖注射液可用于临床，作为肿瘤患者的辅助治疗药物。

第四章 食用菌家庭食用指南

随着人们生活水平的提高，家庭对食用菌的消费量也逐渐增加。食用菌走进家庭以后，主要加工技术就是制作美味菜品或蘑菇风味主食。本章主要介绍如何用常见食用菌制作美味菜品和风味食品的方法和技术，更多的家庭菜谱及制作方法，读者可从《下厨房》官网查询学习。

第一节 家庭食用菌菌菜（汤）制作技术

一、香菇

（一）香菇的营养与保健功效

香菇肉质肥厚细嫩，味道鲜美，香气独特，营养丰富，是一种药食同源的食材，被人们誉为"菇中皇后"，在民间素有"山珍"之称，具有很高的营养、药用和保健价值。营养分析显示，每100克的干香菇，含蛋白质13克，脂肪1.8克，碳水化合物54克，粗纤维7.8克，灰分4.9克，钙124毫克，磷415毫克，铁25.3毫克，以及维生素 B_1、维生素 B_2、维生素 C 等。香菇蛋白质含有人体必需8种氨基酸中的7种，是纠正人体酶缺乏症和补充氨基酸的首选食物。香菇干品脂肪含量在3%左右，其中亚油酸、油酸含量高达90%以上。由于香菇富含人体必需的脂肪酸，它不仅能降低血脂，而且可以降低血清胆固醇进而抑制动脉血栓的形成。香菇含有的麦角甾醇是维生素 D 的前体，可促进骨骼、牙齿的发育。香菇中的生理活性物质多糖是公认的免疫促进剂，具有显著的抗肿瘤效果。

（二）香菇家庭食用方法

家庭消费的香菇有鲜香菇和干品香菇两种。鲜香菇经去柄、洗净后即可食用；干香菇则需要泡发后食用。

正确的干香菇泡发方法是：将洗净后的干香菇放入 80℃ 左右的热水中浸泡，浸泡时间不宜超过 2 小时，这样既能激发香菇的鲜味，也不会导致鲜味挥发，使香菇的鲜味得到最大限度的利用。

香菇常见家庭菜谱及制作方法介绍如下。

1. 香菇菜心

原料：香菇，青菜心，糖、盐、油、鸡精、水淀粉等调料。

制作：水烧开烫青菜，锅里不要忘记加点盐和油，这样青菜会特别绿。注意不要烫太久。锅里加油炒青菜，时间控制在 1 分钟内，加盐、糖、鸡精。另炒香菇，放少许盐、鸡精，再加点水淀粉摆盘就好了。

2. 酱香菇

原料：香菇 250 克，小葱两根，蒜 3 瓣，菜籽油 20 克，老抽 1 勺，生抽 1 勺，白糖少许。

制作：香菇洗好后一切四瓣，小葱和蒜切碎。锅里放油、爆炒香葱和蒜，下香菇翻炒均匀，放入老抽和生抽各 1 勺调味，加入少许白糖，加水焖香菇，时间 8 分钟，大火收干汤即可。

3. 香菇烧芦荟

原料：香菇 150 克，芦荟 200 克，生姜片 8 克，花生油、川盐、鸡精、高汤、香葱花、水淀粉等各适量。

制作：芦荟洗净，削去刺和皮，切成段；香菇去蒂洗净。炒锅内放花生油，烧至六成热，下生姜片、香菇炒数下，加川盐、鲜汤、高汤，烧至熟而入味时，放鸡精、水淀粉，收汁浓味后，下香葱花起锅即成。该菜具有解毒抗癌、清热降压、通便降脂的功效。

4. 香菇炒葫芦

原料：香菇150克，嫩葫芦160克，红甜椒50克，生姜片10克，大蒜片10克，川盐、调和油、味精各适量。

制作：香菇去蒂洗净，切成片；嫩葫芦刮去外皮，洗净，改刀成片；红甜椒去蒂洗净，改刀成片。炒锅内放调和油，烧至六成热，下香菇片、生姜片、大蒜片，炒几下，速放川盐、红甜椒片、葫芦片、味精，炒至熟，起锅即成。该菜具有解毒利尿、补脾胃益气、清热降压的功效。

5. 香菇豆腐煲

原料：香菇2朵，嫩豆腐2块，芦笋2支，虾仁、鲜贝、绞肉各100克，酱油、蚝油各1大匙，糖半小匙，高汤1杯，薯粉1小匙，胡椒粉、麻油各适量。

制作：将所有的材料洗净、切丁备用。起油锅，用4大匙油先炒香菇丁、绞肉、豆腐、鲜贝，加入调味料以小火焖煮5~8分钟；再放入虾仁、芦笋丁烩一下；以薯粉水勾芡，撒上胡椒粉、淋点麻油即可。

6. 香菇鸡

原料：香菇、白蘑菇若干，三黄鸡半只、切块后用料酒腌10分钟，酱油、蚝油各1大匙，糖半小匙，高汤1杯，薯粉1小匙，胡椒粉、麻油各适量，干辣椒、朝天椒、青辣椒、红辣椒、葱姜蒜（葱切丝，姜切片，蒜整个就可以），陈皮、桂皮、香叶、茴香、花椒、八角、草果以及料酒、生抽、盐、白砂糖。

制作：锅底放适量油，等油烧到七成热时倒入白砂糖，用铲子翻炒至有气泡时迅速倒入鸡肉，炒至鸡肉微微上色；倒入陈皮、桂皮、香叶、茴香、花椒、八角、草果，炒上3分钟左右；把干辣椒、朝天椒以及葱姜蒜倒进去（辣椒是出辣味的，加多少按自己口味来定），继续翻炒，过5分钟加入生抽；这时鸡肉颜色已经比较重了，再炒1分钟，把香菇、白蘑菇倒进去，翻炒2分钟后加入少量水（不用太多，因为香菇内部本身有水），转小火炖上几分钟后，把青辣椒和红辣椒切大片放入炒，最后加适量盐后就可以出锅了。

鸡肉是酱色，红色、青色的辣椒还有白色的蘑菇，还有浓浓的汤汁，一定能勾起你的食欲。

7. 香菇烧银鱼

原料：香菇180克，银鱼200克，葱白节50克，色拉油、鲜汤、川盐、鸡精各适量。

制作：银鱼洗净，香菇去蒂洗净、切成条。炒锅内放色拉油，烧至七成热时下银鱼炸至硬；少留些油，下鲜汤、香菇条、川盐、葱白节，烧至熟而入味、汁少量时，放鸡精起锅即成。该菜具有补脾胃气、解毒利水、滋阴润肺的功效。

8. 香菇七叶莲鱼汤

原料：香菇200克，干七叶莲10克，净鳗鲡鱼350克，生姜片5克，葡萄酒40克，鲜汤、川盐、味精各适量。

制作：香菇去蒂洗净，入锅，加干七叶莲、鲜汤、生姜片、净鳗鲡鱼，烧沸，打净浮沫，放上葡萄酒、川盐，煮至熟且入味时，起锅放味精即成。该汤具有祛风解毒、舒筋通络、补虚赢益气的功效。

二、黑木耳

（一）黑木耳的营养与保健功效

黑木耳含有丰富的碳水化合物、蛋白质、铁、钙、维生素等营养物质，营养价值极高，被称为"素中之荤"。同时，黑木耳含有丰富的胶质成分，具有巨大的吸附能力，对无意吃下的难以消化的谷壳、头发、沙子等异物具有很强的吸附作用。因此，常吃黑木耳能起到清理消化道、清胃涤肠的作用。特别是对从事矿石开采、冶金、棉纺毛纺等空气污染严重工种的工人来说，经常食用黑木耳能起到良好的肺部保健作用。此外，黑木耳还有降低血液黏稠度、缓和冠状动脉硬化、防止血栓形成的功能。调查资料显示，患有高血压和高血脂的人，每天吃5～10克黑木耳（干）烹制的菜肴，便能将脑中风、心肌梗死的发生危险减少1/3。这是因为黑木耳具有抑制血小板凝聚和降低血凝的作用，与肠溶阿司匹林的功效相当，所以被人们称为"食品阿司匹林"。我国著名科学家洪昭光曾提出合理膳食十个字"一、二、三、四、五、红、黄、绿、白、黑"，这里的"黑"指的就是黑木耳。传统医学认为，黑木耳具有滋润强壮，清肺益气，补血活血，镇静止痛等功效。用黑木耳烹调菜肴，香嫩爽滑，增加食欲，是非常好的食疗菌类。

（二）黑木耳家庭食用方法

由于鲜木耳中含有一种叫卟啉的光感物质，人食用后经太阳照射可引起皮肤瘙痒、水肿，严重的可致皮肤坏死。所以，最好不要食用新鲜的木耳。而经暴晒处理的干木耳，在暴晒过程中会将大部分的卟啉分解掉，并且在食用前，干木耳又经水浸泡，剩余的卟啉类物质会溶于水，因而水发的干木耳可安全食用。

浸泡干木耳时要坚持尽量减少泡发时间、勤换水原则；坚持不要一次泡发过多的木耳，最好当天泡发、当天食用完。

正确的泡发方法如下：①在泡发前最好先将木耳进行简单的清洗，去除表面的杂质和灰尘，这样既能减少细菌滋生，吃的时候口感也更好。推荐方法是，在温水中放入适量淀粉，然后再将木耳放进去搅拌、洗净，就能轻松去除木耳表面的脏东西。②冷水泡发一般 1~2 小时就可以达到木耳最佳泡发状态，或放在冰箱冷藏泡发 6~8 小时，泡出来的木耳吸水足、口感也更好。③温水浸泡一般 0.5 小时即可。既能加快速度，减少泡发的时间，也能抑制细菌生长。

特别提醒：在黑木耳泡发过程中，如发现出现混浊、发黏和异味现象，就意味着有微生物繁殖了，一定要毫不吝惜地丢掉，以防中毒。研究表明，木耳、香菇、银耳等干品，如泡发时间过长，由于泡发液营养丰富，会滋生一种产生米酵菌酸毒素的细菌——椰毒假单胞菌。其产生的毒素耐热性强，即便泡发后用沸水焯煮仍有毒性，若不小心食入体内，就会引发中毒症状。一旦中毒，轻则会出现恶心、呕吐、腹泻、头晕、全身无力等症状，严重时会出现黄疸、肝肿大、皮下出血、呕血、血尿、意识不清、惊厥、抽搐、休克昏迷等情况，甚至还会导致人体多个器官衰竭。国内已多次出现类似中毒病例。

黑木耳常见家庭菜谱介绍如下。

1. 凉拌黑木耳

原料：黑木耳，青红椒，胡萝卜，蒜泥、盐、味精、胡椒粉、干辣椒泡的水、凉拌醋等。

制作：先把泡发黑木耳清洗干净，可以用盐或面粉来清洗，然后用手撕成小片；把青红椒和胡萝卜都切成丝。锅上架烧开水，把黑木耳焯熟，接着焯青红椒和胡萝卜丝，焯好的食材快速放凉水内过凉，以保持它的颜色和脆感。将焯好的黑木耳、青红椒和胡萝卜丝放碗里，加蒜泥、辣椒水、盐、味精、胡椒粉、凉拌醋等一起搅拌均匀就可以了。

也可用洋葱丝直接拌焯好的黑木耳做成洋葱木耳。

2. 素炒黑木耳

原料：水发木耳 200 克，红椒 1/2 根，花椒适量，大料 2 个、酱油 1 匙、油 1 匙、姜 2 片、葱 2 小段。

制作：油热后放入姜、木耳，稍煸炒后加入酱油及适量的水，大火烧开，再放花椒、大料，改小火炖约 8 分钟关火装盘即可。

也可与山药片一起炒，制作成木耳炒山药，一黑一白，营养、味道鲜美。

3. 木耳炒鸡蛋

原料：水发木耳 200 克，鸡蛋 3 个。

制作：将泡发后木耳择洗干净；将葱、青红辣椒洗净切段；将鸡蛋打散。锅内放入适量油烧热，倒入鸡蛋炒熟后盛出备用；锅里再放少量的油，放入葱、红辣椒，煸炒出香味；倒入木耳翻炒，放入鸡蛋、青红椒煸炒片刻，加入盐、鸡精调味即可。

4. 五花肉炒黑木耳

原料：水发木耳 200 克，五花肉 300 克，黑酱油、生抽、少许味精等。

制作：黑木耳浸泡、洗净后切成小块；五花肉切适当厚度。锅里倒点油，爆香蒜末，加入五花肉炒至肉变白；加入黑木耳、酱油、生抽和少许味精，继续炒至五花肉熟透即可。

5. 黑木耳炒腐竹

原料：水发木耳，腐竹，葱、盐、糖、生抽、胡椒粉、鸡精等。

制作：黑木耳洗净，腐竹放入开水锅煮 1 分钟，捞出控水，泡软后切段，蒜切片。炒锅加油烧热，下蒜和姜片爆香，加腐竹翻炒一会，加黑木耳、盐、糖、生抽、胡椒粉、鸡精炒匀即可。

6. 黑木耳烧草鱼

原料：黑木耳 100 克，草鱼肉 250 克，植物油 300 毫升（实耗约 50 毫升），葱末、姜末、黄酒、胡椒粉、湿淀粉、精盐、鲜汤、味精各适量。

制作：将水发黑木耳去蒂，用清水漂洗干净，沥净水分；鱼肉洗净，切成薄片，放入盘内，放黄酒、精盐，将鱼肉腌渍片刻，取出鱼片，用湿淀粉浆好备用。炒锅上大火，放植物油烧至七成热，将鱼片放入锅内滑透、捞出、沥净油。炒锅上大火，留底油烧热，下葱末、姜末炝锅，放入鱼片，再下黑木耳、黄酒，快速煸炒片刻，加鲜汤烧沸，用湿淀粉勾薄芡，加精盐、味精，颠翻几下，撒胡椒粉，起锅装盘即成。

7. 木耳鸡蛋汤

原料：水发木耳，番茄，虾仁，鸡蛋，葱、姜、盐、香菜、香油、鸡精等。

制作：黑木耳洗净，将番茄洗净切成丁，虾仁洗净，葱、姜洗净切末，将鸡蛋磕到碗里。锅里放适量清水，将葱、姜、番茄丁和木耳放进锅中大火烧开；放进虾仁、料酒稍煮片刻；倒进打好的鸡蛋液，放入盐、香菜、香油、鸡精调味即可出锅。

三、平菇

（一）平菇的营养与保健功效

平菇含丰富的营养物质，每 100 克干品含蛋白质 20～23 克，和畜禽食品相当,但其脂肪含量很低,氨基酸种类齐全,特别是动、植物源食材中普遍缺乏的赖氨酸、亮氨酸含量较多,平菇特有的鲜美味道就是因为其呈味氨基酸非常丰富。此外,平菇含各种维生素、多种人体需要的矿质元素,属于高蛋白、低脂肪,营养齐全的优良食材。

平菇除营养物质含量丰富外,还含有多种对人体有重要保健功能的成分。研究表明,每100克平菇中含有黄酮类成分50毫克,此外,平菇中还含有多糖、活性蛋白、有机酸、几丁质等多种对人体有益的活性成分。平菇中特有的平菇素(蛋白多糖)和酸性多糖等生理活性物质,对健康长寿、防治肝炎等作用非常大,对防治癌症也有一定的效果。平菇素对革兰氏阳性菌、阴性菌和分歧杆菌等均具有较强的抗菌活性,所以常吃平菇能减少流感、肝炎等病毒性疾病。

从中医角度讲,平菇性味甘、温,具有追风散寒、舒筋活络的功效。常吃平菇不仅能起到改善人体的新陈代谢,调节植物神经的作用,而且对减少人体血清胆固醇、降低血压和防治肝炎、胃溃疡、十二指肠溃疡、高血压等均有明显的效果。另外,对预防癌症、调节妇女更年期综合征、改善人体新陈代谢、增强体质都有一定的益处。

(二) 平菇家庭食用方法

平菇在家庭消费中主要以鲜平菇做原料。

平菇种类较多,正常菌盖应为灰色,且颜色与温度有关。夏季温度高时菌盖颜色偏浅,为灰白色;冬季温度低时颜色偏深,呈灰褐色。特别注意:一定不要选通体特别黑的平菇,其颜色多由喷施化学物质造成,而非本色。

平菇常见家庭菜谱介绍如下。

1. 素炒平菇

原料:平菇,姜片、盐、味精、胡椒粉、葱花等。

制作:把鲜平菇洗净,切成片或手撕成条后,先用热水焯一下备用。在炒锅内放入适量的食用油，开中火，锅热后放入适量的姜片煸香；倒入平菇片翻炒，注意炒平菇不要爆炒，最好盖上锅盖小火焖煮一段时间，让平菇呈味物质释放出来，然后加入适量的盐、味精、胡椒粉、葱花拌匀即成素炒平菇。

如果愿意吃肉，还可做成肉炒平菇。肉炒平菇和素炒平菇的区别就在于放肉了，前面步骤和素炒一样。就是下锅时先炒肉，把肉煸香之后再放入平菇，这样做出来的肉炒平菇颜色亮丽，食欲大增，非常下饭。

2. 油炸平菇

原料：平菇，面粉，鸡蛋，孜然粉、辣椒面、椒盐等。

制作：把焯好的平菇沥干水分；将适量的面粉、鸡蛋和水一起调至糊状。热锅倒油，油热后再把平菇在面粉中搅拌一下，放入油锅中炸至挂糊金黄色，出锅后根据不同口味，撒上适量的孜然粉、辣椒面或椒盐即可，非常好吃。

3. 平菇菌汤

原料：平菇，盐、香菜、少许香油等调味品。

制作：选择小一点的鲜平菇或选择平菇的近缘种，如秀珍菇、姬菇等，洗净、加水、大火烧开、小火炖 20 分钟，至平菇软烂后，加适量盐、撒入香菜段和少许香油即可。

如果喜欢吃肉，可做成平菇排骨汤。先把排骨洗净，放入冷水锅中焯烫去除血沫，捞出后，放入另一锅清水中；放入生姜一块、葱一棵和八角一颗，大火烧开，小火炖煮 2 个小时，制成排骨汤。然后将洗净的平菇，手撕成丝，热水焯烫后，捞出控干水分，放入排骨和排骨汤中，小火炖煮至平菇软烂即可。

四、杏鲍菇

(一) 杏鲍菇的营养与保健功效

杏鲍菇学名刺芹侧耳，与平菇亲缘关系较近，同属侧耳属。杏鲍菇子实体菌肉肥厚，质地脆嫩，特别是菌柄组织致密、结实、乳白，可全部食用，且菌柄比菌盖更脆滑、爽口，具有愉快的杏仁香味和如鲍鱼的口感，故称杏鲍菇，深得人们的喜爱，被称为"平菇王""干贝菇"。目前，我国已实现杏鲍菇的工厂化周年生产，从各大超市、市场均可买到杏鲍菇鲜品。

杏鲍菇中主要营养成分为蛋白质 21.92%，膳食纤维 30.14%，总糖 33.8%，灰分含量为 6.34%，且富含多种维生素。杏鲍菇多糖含量达 4.9%，多糖对自由基引起的氧化以及离体肝脏组织的脂质过氧化均有一定的抑制作用，表现为较好的抗氧化、抗衰老活性；同时，多糖作为一种特殊的免疫调节剂，在激活 T 淋巴细胞中具有强烈的宿主介导性，能刺激抗体形成、增强人体免疫力、发挥抗癌作用。日本的一项研究还表明杏鲍菇对脂肪肝、急慢性肝炎、心肌梗死、脑栓塞均有良好的预防和治疗作用。另外，常吃杏鲍菇还具有降血脂、润肠胃、美容等功效。

（二）杏鲍菇家庭食用方法

目前，家庭消费的杏鲍菇食材多源于工厂化生产的新鲜子实体。市场上也有杏鲍菇干片，干片食用前最好用 60～80℃ 的热水浸泡后食用。

杏鲍菇常见家庭菜谱介绍如下。

1. 干煸杏鲍菇

原料：杏鲍菇，洋葱，生抽、盐、胡椒粉。

制作：杏鲍菇洗净切片，入沸水余烫后滤水，加少许生抽拌匀腌制 15 分钟；洋葱洗净切丝。炒锅里加入一勺油，小火将杏鲍菇片两面都煸成微黄色盛出；倒入洋葱煸出香味，倒入杏鲍菇片一起煸炒；加入盐、胡椒粉调味，炒匀即可。

2. 蚝油杏鲍菇

原料：杏鲍菇，蚝油、料酒、生抽、白糖、鸡精、蒜末。

制作：杏鲍菇洗净切成条；小碗里放一汤匙蚝油、半汤匙生抽、一汤匙料酒、一点白糖、一点鸡精搅拌均匀成蚝油汁备用。锅烧热、放油，入蒜末爆香；倒入杏鲍菇翻炒，保持中火不断翻炒，会发现杏鲍菇慢慢变软并且开始出水，再不断翻炒几分钟，会发现水分开始慢慢收干；此时倒入准备好的蚝油汁，翻炒均匀后撒上葱花就可以出锅了。

3. 杏鲍菇炒肉

原料：杏鲍菇2个，猪瘦肉100克，青椒2个，蒜瓣、葱姜、郫县豆瓣酱1小勺、生抽、料酒、植物油适量。

制作：杏鲍菇切片，瘦肉切薄片，青椒切片；葱姜切丝，蒜切片。平底锅入少许油，放入杏鲍菇片煎至两面微黄，盛出备用；另起炒锅放少许油，把肉片煎炒约5分钟，放入郫县豆瓣酱炒匀，放入葱、姜、蒜炒出香味。加入煎过的杏鲍菇片、少许生抽、料酒和一小勺水炒片刻；加入青椒炒至断生即可。

4. 香煎杏鲍菇

原料：杏鲍菇2根，蒜、红辣椒、香葱少许。

制作：把杏鲍菇清洗干净，擦干水分后切成0.5厘米厚的大片，然后在其表面划上一些十字花刀，不要切断，目的是更加入味；把蒜切末、红辣椒切段、香葱切末备用；取一只空碗，放入1勺蚝油、1勺生抽、半勺盐、少许鸡精、少许白糖、1勺淀粉，适量的水调汁备用。锅中倒入少许油，油热后把杏鲍菇放入锅中小火开始煎制，煎至杏鲍菇变软，边角卷起，表面微黄；另起油锅，放入蒜末和辣椒，煸炒出香味，放入煎好杏鲍菇，把碗汁倒入锅中煮开，让每一块杏鲍菇都沾满汤汁，最后撒上少许香葱末，即可关火、盛出、上桌。

5. 干锅杏鲍菇

原料：杏鲍菇3根，五花肉300克，洋葱1个，红辣椒50克，绿辣椒50克，蒜20克，豆瓣酱15克，盐2克，豆豉5克，味极鲜酱油5毫升，鸡精2克，香油4克，食用油10克。

制作：将杏鲍菇用手撕成条，五花肉切片，青红辣椒切条，洋葱切条，蒜切片备用。将洋葱铺在干锅底部备用。锅内倒入食用油，然后放入五花肉煸炒，至表面微黄；加入豆瓣酱、豆豉、蒜片煸炒出香味。将杏鲍菇放入锅内煸炒匀。将红绿辣椒放入锅内煸炒，然后加入盐、味极鲜酱油，接着在关火前加入鸡精、香油煸炒均匀即可盛入干锅内。最后在炉内点一块酒精就可以上桌了。

6. 鱼香杏鲍菇

原料：杏鲍菇 2 根，胡萝卜适量，尖椒 1 个，干木耳适量，葱、姜、蒜适量。

制作：将杏鲍菇、胡萝卜、尖椒分别切丝，木耳泡发后切丝，葱姜蒜切末备用；取一只干净的小碗，然后依次放入适量的淀粉、半勺盐、半勺鸡精、2 勺生抽、3 勺糖、4 勺醋，再倒入一些清水，调成碗汁备用。锅中倒入适量的油，油热后放入 1 勺郫县豆瓣酱、1 勺剁辣椒煸炒出红油；将葱姜蒜放入锅中煸炒出香味，将杏鲍菇和胡萝卜丝放入锅中煸炒 1 分钟，将木耳放入锅中煸炒 1 分钟，将尖椒丝放入锅中煸炒 30 秒。将碗汁倒入锅中，烧开后翻拌均匀即可装盘。

五、金针菇

(一) 金针菇的营养与保健功效

金针菇爽嫩脆滑、清香可口，富含蛋白质、纤维素、糖类、多种维生素及矿质营养元素。金针菇含有 8 种人体必需氨基酸，其含量占总氨基酸含量的 42.29% ~ 51.17%，其中精氨酸和赖氨酸含量较高，分别为 1.024% 和 1.231% (以干品计)，高于一般食用菌，对儿童智力增长有重要作用，因此，在日本，人们称它为"增智菇"或"聪明菇"。金针菇中的纤维素具有降低胆固醇的作用，同时还能预防和治疗肝脏疾病及胃肠道溃疡。金针菇还是一种钾含量高、钠含量低的健康食品，适合于肥胖者及中老年人等心血管存在隐患的人群食用。此外，金针菇中还含有一种名为"朴菇素"的碱性蛋白，具有增强免疫力、抗癌的作用。所以，经常食用金针菇具有增进儿童智力、预防中老年高血压、降低胆固醇、提高免疫力等功效。但要注意：金针菇宜熟食，不宜生吃。脾胃虚寒者金针菇不宜吃太多。

（二）金针菇家庭食用方法

目前，家庭日常消费的金针菇以工厂化生产的白色金针菇居多。此外，还有园区生产的、颜色深浅不一的黄色金针菇，营养价值和食用方法基本相同。

金针菇最主要家庭食用方法就是涮火锅，但也可做菜，常见食用菜谱介绍如下。

1. 凉拌金针菇

原料：金针菇，红椒、蒜、葱等。

制作：用剪刀剪去金针菇的根蒂部分，再反复冲洗干净；较长的金针菇可以从中间断开，以方便食用；红椒去籽、切细丝；蒜和葱切末，加1勺香醋，1勺橄榄油，少许糖拌均匀备用；黄瓜去皮、切丝。锅中加水，加1勺盐，烧开后下入金针菇和红椒丝，煮1分钟，关火。注意只需1分钟，金针菇很易熟，时间煮长了反而容易塞牙。将金针菇和红椒丝浸入准备好的凉开水中，待金针菇冷却后，捞起、沥干，最好攥攥金针菇，将水挤干些；将金针菇、红椒丝、黄瓜丝、调好的汁拌均匀，口重的可以加点辣椒油或者辣椒酱即可。

2. 金针菇炒肉

原料：金针菇，瘦肉、面酱、盐、酱油调味品等。

制作：金针菇洗净、切段；肉切条，放酱油、料酒腌制10分钟。锅内放少量油，油热后放葱花，炒出香味；放肉炒，加少量面酱，炒至肉变色；加金针菇翻炒，放少量料酒，炒一下；加适量水，放盐、酱油调味，翻炒均匀即可。

3. 金针菇炒芹菜

原料：金针菇250克，芹菜150克，大蒜片10克，川盐、花生油、蘑菇味精各适量。

制作：切去金针菇老根，洗净改刀成段；芹菜洗净，改刀成段。炒锅内放花生油烧至六成熟，下金针菇、大蒜片、川盐、芹菜段、蘑菇味精，炒至熟，起锅即成。该菜具有降压降脂、清热化痰、健胃益肠、通便功效。

4. 金针菇炒茼蒿

原料：金针菇 200 克，嫩茼蒿尖 200 克，生姜丝 10 克，川盐、鸡精、陈皮、葵花籽油各适量。

制作：切去金针菇老根，洗净、改刀成段。炒锅内放葵花籽油烧至六成熟，下生姜丝、金针菇、陈皮，炒数下后，放川盐、嫩茼蒿尖炒至断生，放鸡精推匀，起锅即成。该菜具有清血降压、养心增智、润肺化痰功效。

5. 金针菇烩冬瓜

原料：金针菇 200 克，冬瓜 350 克，生姜丝 8 克，葱花 15 克，玉米油、鸡精、川盐、水豆粉、高汤各适量。

制作：切去金针菇老根，改刀成段；冬瓜洗净，削去外皮和内芯，改刀成粗条。净锅内放玉米油烧热，下生姜丝、金针菇炒几下，加川盐、高汤、冬瓜条，烩至断生，放鸡精、水淀粉收汁浓味后，再入葱花推匀，起锅即成。该菜具有化痰止咳、清热、降压、润肺理气功效。

6. 金针菇蒸鳜鱼

原料：金针菇 250 克，鳜鱼 1 条约 500 克，姜油 30 克，葱丝 25 克，川盐、胡椒粉、蘑菇鸡精各适量。

制作：切去金针菇老根，改刀成段；鳜鱼洗净，划上几刀，拌上川盐、胡椒粉，腌渍 15 分钟；加姜油、葱丝、净金针菇、蘑菇鸡精拌匀。放入窝盘内，上笼蒸熟，出笼即成。该菜具有补脾胃、益肠、益气血化痰功效。

六、双孢蘑菇

（一）双孢蘑菇的营养与保健功效

双孢蘑菇是世界第一大宗菇，国外主要是工厂化生产，国内工厂化、园区化模式均有。双孢菇子实体菌肉肥嫩、味道鲜美，营养丰富。每 100 克鲜菇中含蛋白质 3.7 克，脂肪 0.2 克，糖 3.0 克，纤维素 0.8 克，磷 110 克，铁 0.6 毫克，灰分 0.8 克，维生素 C 3.0 毫克，维生素 B_1 0.1 毫克，维生素 B_2 0.35 毫克，烟酸 149 毫克。双孢菇蛋白质含量几乎高于所有的豆类和蔬菜，有"植物肉"之美称，并且人体必需的 8 种氨基酸含量丰富。

双孢菇具有助儿童发育的作用，这是由于双孢菇中锌含量比较丰富，是非常好的补锌食品，而锌是人体内一种非常重要的微量元素，小孩缺锌会影响生长发育，导致个子矮，并会影响智力发育；成人缺锌则会出现生理功能的紊乱。双孢菇多糖和一些特异蛋白具有一定的抗癌、抗病毒活性，经常食用能增强机体抵抗力，调节人体代谢机能。中医认为双孢菇味甘、性平，有提神、助消化、降血压的作用，兼有补脾、润肺、理气、化痰功效。

（二）双孢菇家庭食用方法

家庭食用的双孢菇有鲜品、罐头和干品三种。鲜品洗净后即可食用；罐头食用前用清水洗净；干品具有浓郁的蘑菇香气，需要泡发后食用。正确的泡发方式是：先用冷水将双孢菇干品表面冲洗干净，然后再用45℃左右的温水泡发，泡发时可用手朝一个方向轻轻旋搅，让泥沙徐徐沉入盆底。注意不能捏挤，捏挤不但会使香味、营养大量流失，而且沙土可被挤入双孢菇的菌褶中，反而难以洗净，吃起来免不了牙碜。另外，浸泡双孢菇的水过滤泥沙后亦可添入菜肴中，能保持双孢菇的原有香味和营养。

双孢菇常见家庭菜谱介绍如下。

1. 素炒双孢菇

原料：双孢菇 500 克，葱花、蒜片、盐、味极鲜酱油、香油等。

制作：双孢菇用清水冲洗干净表面的泥沙后，放入沸水中焯水1 分钟捞出、过凉水，沥干水分切成厚片；葱、蒜剥去外皮，清洗干净分别切成葱花、蒜片。热锅加入植物油把葱花、蒜片爆香；放入双孢菇翻炒均匀；加适量的盐和少许味极鲜酱油继续翻炒均匀；关火后点香油提味儿即可。

2. 蒜香双孢菇

原料：双孢菇 500 克，大葱、独蒜、胡椒、面油、香油各少许。

制作：将双孢菇洗净、切片；大葱洗净、切片；蒜拍成末。炒锅加油小火把大葱和蒜末炒香，加一点点香油；加入双孢菇，大火继续炒，加入盐、鸡精、胡椒即可出锅。

3. 双孢菇炒西兰花

原料：双孢菇，西蓝花，胡萝卜，葱、蒜、蚝油、白糖、盐、生抽等。

制作：双孢菇用开水焯一下；西蓝花分成小朵后，用加了盐和油的开水焯一下；胡萝卜去皮洗净，打成花刀后切片；葱、蒜切末备用。热锅入油，三成热时加入葱、蒜末煸出香味；放入胡萝卜片小火煸至变色；将蚝油、白糖、盐、生抽及少量水淀粉调成汁，下入蘑菇、西蓝花，调汁炒匀，淋麻油拌匀即可。

4. 双孢菇炒肉

原料：双孢菇，青椒，五花肉，葱、蒜、料酒、生抽等调味品。

制作：清洗干净双孢菇表面的泥沙，控干水分切厚片；青椒去蒂和籽后切成小块；葱、蒜剥去外皮清洗干净分别切成葱花、蒜片；五花肉清水冲洗后切成片。热锅加油把肉片煸香出油；葱花、蒜片爆香，料酒、生抽烹锅；放入双孢菇片加适量的盐旺火翻炒至变色；放入青椒块炒至断生关火，点香油搅拌均匀即可出锅。

5. 双孢菇鹌鹑蛋

原料：双孢菇 150 克，鹌鹑蛋 15 个，青菜心 50 克，油、料酒、盐、味精、水淀粉和高汤。

制作：双孢菇洗净，对半切开；青菜心洗净，对半切开。锅内放冷水、鹌鹑蛋，用小火煮熟，将鹌鹑蛋放入冷水中浸凉，去壳备用。另起锅放油烧热，放入鹌鹑蛋炸至金黄捞出；倒去余油，加高汤、双孢菇、鹌鹑蛋烧开，烹入料酒、盐烧 5 分钟；放入青菜心、味精，用水淀粉勾薄芡，翻匀即可。

6. 小鸡炖圆菇（双孢菇）

原料：圆菇一罐、鸡肉、大葱一段、蒜五瓣、姜适量、老抽适量、八角两颗、料酒适量。

制作：圆菇过清水洗净备用；鸡肉先用开水焯一下，捞出备用。油热，放葱、姜、蒜、八角爆锅，炒出香味后倒入鸡肉，把水炒干后，倒入料酒、生抽，继续翻炒；倒入圆菇继续翻炒至圆菇上色；添水、放盐，大火烧开、小火慢炖；大火收汁后即可出锅。

7. 红焖蘑菇菱角

原料：双孢菇200克，净菱果肉300克，糖色100克，冰糖50克，花生油、水淀粉各适量。

制作：双孢菇洗净，改刀成丁；净菱果肉改刀成块。炒锅内放花生油烧热，下蘑菇、菱果肉炒几下，加清水、糖色、冰糖，烧至熟成入味时，放水淀粉收汁浓味，起锅即成。该菜具有补脾益气、解毒利尿、清热化痰功效。

8. 蘑菇紫菜汤

原料：双孢菇300克，紫菜15克，香葱花20克，川盐、鲜汤、鸡精、香油各适量。

制作：双孢菇洗净、切片、入锅，加鲜汤、净紫菜、川盐、煮至熟成入味；起锅加鸡精、香油、香葱花即成。该汤具有清热化痰、解毒利尿、补脾益气功效。

七、灰树花

（一）灰树花的营养与保健功效

灰树花又称栗蘑、舞茸等，其子实体营养丰富、鲜美可口，被誉为"食用菌王子"和"华北人参"。据测定，每100克灰树花干品中含有蛋白质25.2克，人体必需氨基酸占45.5%，脂肪3.2克，膳食纤维33.7克，碳水化合物21.4克，灰分5.1克。富含多种维生素和矿物质，其中维生素E、维生素C、维生素D，硒、铁等在菌类食品中含量居前列。

灰树花多糖具显著的提高免疫力、抗肿瘤活性，可作为保健食品的原料。灰树花子实体粉被科学证明有明显的降血脂、预防心血管病的保健功效。灰树花中含有大量的纤维素，具有防止便秘、解毒的作用，帮助各种有害物质排出体外。中医认为，灰树花具有益气、清热、渗湿等作用，可用于小便不利、水肿脚气、肝硬化、肝腹水、糖尿病、高血压等疾病治疗，并对癌症有防治作用。

（二）灰树花家庭食用方法

家庭食用的灰树花有鲜品和干品。鲜灰树花与其他食用菌显著不同的特点是烹调后具有鲜、脆、嫩的特点，可炒、烧、涮、炖、冷拼、做汤、做馅等多种吃法。凉拌质地脆嫩爽口，炒食清脆可口，做汤风味儿尤佳。干灰树花需要泡发后食用，正确的泡发方法是：把灰树花放入温水中浸泡，同时放入 2 ~ 3 片姜片，浸泡 5 分钟左右即可。随后，用温水反复漂洗干净，洗去泥沙以后，撕成小块即可食用。

家庭常见灰树花菜谱如下。

1. 灰树花烧冬瓜

材料：干灰树花 50 克，冬瓜 500 克，豆苗 50 克，姜片、酱油、盐、糖、鸡精等。

制作：干灰树花用温水泡发，洗净捞出后沥干，纱布过滤泡发的水备用；冬瓜去皮、去籽洗净后，切成 2 厘米厚的块；豆苗洗净。锅中倒入油，大火加热至 7 成热时，放入灰树花炸 10 秒钟捞出；放入冬瓜块炸 20 秒钟捞出。炒锅中再倒入少量油，放入姜片爆香后，倒入冬瓜和灰树花，再倒入过滤后的灰树花泡发水，没过菜量的一半即可，然后调入酱油、盐和糖，搅拌均匀；盖上盖子，中火焖 3 分钟，待汤汁略收干，放入豆苗，撒入鸡精搅拌出锅即可。

2. 灰树花炒肉

材料：干灰树花 30 克，瘦肉 150 克，青、红辣椒各 1 个，酱油、食盐、食用油各适量。

制作：将泡发好的灰树花，撕开成小小的块，再次清洗干净；青、红辣椒切片；瘦肉洗净切片，加盐、酱油、淀粉搅拌均匀。锅内加油烧热，放入肉片，爆炒到肉变色，放入灰树花块；翻炒均匀以后，加入适量的开水，中火煮 3 分钟；等到汤汁收得差不多的时候，放入青、红辣椒翻炒，加盐，搅拌均匀即可出锅。

3. 灰树花烧排骨

材料：干灰树花，排骨，生抽、料酒、冰糖、葱、姜、大料、鸡精。

制作：干灰树花用温水泡发，洗净表面泥沙，水过滤备用；将排骨用清水洗净，下锅焯至表面变色，捞出沥干水分备用。先将焯好的排骨下油锅，加入 4~5 粒冰糖，用中火炒至冰糖熔化；倒入 1 勺料酒、3~4 勺生抽、葱姜段儿、大料，加入适量水没过排骨，用大火烧开；烧开后，转成中火炖约 5 分钟；放入泡好的灰树花，再倒入泡灰树花的水，用中火炖制约 10 分钟，汤汁收浓即可。出锅前加入 1 勺鸡精提味。

4. 灰树花炖排骨

材料：排骨 400 克，干灰树花 20 克，食盐、姜适量。

制作：干灰树花放入温水中泡软后撕成小片，放适量的盐可以去掉泥沙；排骨洗净，放入热水锅内去除血水，捞起。砂锅内加适量的清水，大火烧开，放入灰树花、排骨、姜片；继续煮开，转小火慢炖 90 分钟，最后加入适量的食盐调味即可食用。

5. 灰树花炖土鸡

原料：鲜灰树花 150 克，土鸡 500 克，火腿片 20 克，生姜、葱、食用油、盐、味精、鸡精、黄酒、胡椒粉适量。

制作：先将洗净的土鸡在开水锅中焯一下水，然后放入砂锅，加清水、黄酒、生姜块、葱节、火腿片，用旺火烧开，然后用小火炖 2 个小时。炖熟后加入鸡精、味精、盐和灰树花，再炖 15 分钟。最后加入胡椒粉即可。

6. 八宝灰树花

原料：干灰树花 30 克，瘦猪肉 50 克，海米 10 克，胡萝卜 10

克，豆腐 250 克，黑木耳 10 克，鸡蛋 2 个，鱿鱼 10 克，精盐、味精、葱、姜、猪油、香油、酱油适量。

制法：灰树花去蒂，撕开小片放入温水中继续泡软、捞出、洗净；将豆腐分成 4 块放入热油中炸至金黄色捞出，用水果刀切开一面，挖去里面的嫩豆腐待用。将灰树花、猪肉、海米、胡萝卜、木耳、鱿鱼切末，鸡蛋炒熟切碎，加精盐、猪肉、味精、香油、蛋清拌成馅，用馅填满内空的豆腐口、粘好，上屉蒸熟，装盘；酱油、盐、汤制成红汁浇在豆腐上即可。

7. 灰树花馅包子

原料：灰树花，黑木耳，油面筋，青菜，盐、白糖、香油等。

制作：将鲜灰树花洗净、切末；水发黑木耳、油面筋洗净后切成细粒；青菜洗净，以沸水略烫后捞出，用水冷却后沥干水分、切成细粒。炒锅烧热，放入香油至六分热，加入灰树花末、黑木耳末、油面筋末、盐、白糖、煸炒熟，起锅时再加青菜末拌匀，最后淋上香油即成馅心。将面粉加酵母用温水拌成面絮，揉成面团，盖上布，静置 2 小时发酵；面团胀发膨松时做成圆皮坯，内包馅心，做成包子，静置 15 分钟之后再放入蒸笼，蒸 10 分钟即可。

8. 灰树花三丝汤

原料：水发灰树花 50 克，熟笋 40 克，紫菜 25 克，豆腐干 2 块，精肉 50 克，精盐 2.5 克、酱油 15 克，味精 2 克，花生油 20 克，麻油 15 克，姜末 1.5 克，鲜汤 1 000 克。

制作：灰树花、熟笋、精肉、豆腐干切成细丝，紫菜去杂、掰碎备用。炒锅下油 20 克，烧至七成热，放入鲜汤 1 000 克，同时将灰树花、笋、肉、豆腐干丝及碎紫菜全部下锅，并放入酱、精盐、味精、姜末等调料烧到汤汁起滚，淋上麻油，起锅倒入汤盆中即成。

9. 灰树花鲍鱼排骨汤

材料：灰树花 20 克，鲍鱼 3 只，排骨 300 克，姜片 3 片。

制作：把灰树花放入温水中浸泡，同时放入 2～3 片姜片，浸泡 5 分钟左右就可以泡发起来，接着用温水反复地漂洗干净，洗去泥沙以后，撕成小块；鲍鱼用开水灼烫一下，即可脱壳，去掉里面的肠，刷洗干净；排骨焯水。接着把所有的食材全部下锅，大火烧开后转小火慢炖 2 小时，最后加盐等调味即可食用。

八、蟹味菇

（一）蟹味菇的营养与保健功效

蟹味菇学名真姬菇、斑玉蕈，又称海鲜菇。其子实体味道比平菇鲜，菌肉比滑子菇厚，质地比香菇韧，口感具有独特的蟹香味，在日本有"香在松茸，味在玉蕈"之说。测定分析表明，蟹味菇含有丰富氨基酸，其中，必需氨基酸的含量为 2.67%，鲜味氨基酸的含量为 1.07%，赖氨酸、精氨酸的含量高于一般菇类，有助于青少年益智增高。科学研究表明，其子实体中提取的 $\beta-1,3-D-$ 葡聚糖具有很高的抗肿瘤活性；分离得到的聚合糖酶的活性也比其他菇类要高许多。其子实体热水提取物和有机溶剂提取物有清除体内自由基的作用，因此，有防止便秘、抗癌、防癌、提高免疫力、预防衰老等功效，是一种低脂肪、低热量的保健食品。

（二）蟹味菇家庭食用方法

目前，市场上的蟹味菇有浅灰色、纯白色两个品系，灰色品系常称为海鲜菇，白色品系又称"白玉菇""玉龙菇"，两者都为工厂化栽培。大多蟹味菇是在超市销售，有独立包装。一般在超市中购得的蟹味菇低温冷藏可以存放 1~2 周。

蟹味菇常见家庭食用菜谱介绍如下。

1. 凉拌蟹味菇

原料：蟹味菇，红剁椒、纯米醋、鸡粉、白糖、辣椒油。

制作：将蟹味菇洗净，对半切，锅中烧开水，加点盐，再倒入菇，水再次烧开，即可关火；捞出沥干水分；调入适量红剁椒、纯米醋、鸡粉、白糖，再淋入适量辣椒油，拌匀就可以吃了。

2. 素炒蟹味菇

原料：蟹味菇，小油菜，葱、姜、食盐、蚝油等。

制作：将蟹味菇洗净、去根、控水；小油菜洗净、掰开去根；葱姜分别切丝。热锅凉油加入葱丝、姜丝，煸炒出香味；加入海鲜菇炒一下，加入少许的味极鲜，加入一点排骨汤，盖锅盖炖一会到汤汁收干；加入小油菜炒一下，加入少许的食盐、蚝油，翻炒均匀后即可出锅。

3. 双椒蟹味菇

原料：蟹味菇，青、红尖椒，葱、姜、蒜、食盐等。

制作：蟹味菇去掉根部，洗干净后沥干水备用；青、红尖椒切斜片；姜、蒜切小片。锅中放油烧热，用姜片和蒜片爆香，然后放入蟹味菇滑炒3分钟；放入青、红椒片一同翻炒，加适量盐和少许蚝油调味，炒匀即可。

4. 蟹味菇炒丝瓜

原料：蟹味菇，丝瓜，银杏果，紫甘蓝，红尖辣，盐、姜等调味品。

制作：蟹味菇切去根蒂、洗净备用，选用近似3厘米左右的蟹味菇以保持和丝瓜一样整齐；丝瓜刨皮、洗净、切3厘米左右的段备用；紫甘蓝洗净用剪刀修剪成"马鞍形"备用；银杏果洗净备用；红尖辣洗净、切小圆圈备用。锅中倒入油，分别把蟹味菇、丝瓜、银杏果泡油20秒后倒出，沥干油；原锅放少许油，煸香姜末及红辣圈，然后加少许水调味勾薄芡，放入丝瓜、蟹味菇、银杏搅拌出锅，倒在紫甘蓝上即可。

5. 肉丁炒蟹味菇

原料：蟹味菇，猪肉，橄榄油，香葱花、蚝油等调味品。

制作：将蟹味菇去根蒂，洗净控干水分掰成小朵；香葱切末；红、黄彩椒切小块。锅热后放入橄榄油煸香葱花；放入肉丁，煸炒出香味，变颜色后放入蟹味菇一同翻炒，直至蟹味菇变软变蔫；倒入蚝油调味，一同煸炒，加少许生抽、白糖调味；最后倒入红、黄彩椒，水淀粉勾芡翻炒均匀即可出锅。

6. 腐乳西蓝花炒蟹味菇

原料：蟹味菇，西蓝花，腐乳（适量）、盐等调味品。

制作：蟹味菇掰开、洗净；西蓝花掰成小朵，分别用盐水浸泡一会后，彻底洗净；烧开水，将蟹味菇和西蓝花先后焯水，捞出。热锅凉油，倒入蟹味菇，炒一下，倒入腐乳汁炒匀；倒入焯好的西蓝花，略炒加盐、味精等即可出锅。

7. 豉汁蟹味菇炒花蛤

原料：蟹味菇，花蛤，干豆豉，青红椒，姜、盐等调味品。

制作：蟹味菇掰开、洗净；将花蛤浸养在水中，滴几滴食用油，中途多换几次水，将沙吐尽后清洗备用；干豆豉用少量水浸泡备用；姜、青红椒切块。锅内加适量油烧热将生姜爆香；倒入花蛤翻炒片刻，加入米酒或料酒；倒入沥干水分的豆豉炒香；再加入蟹味菇同炒；倒入适量豉油或生抽；青红椒放进去翻炒片刻即可起锅。

8. 蟹味菇滑蛋

原料：蟹味菇，胡萝卜，鸡蛋，香葱、盐等调味品。

制作：蟹味菇切去老根洗净；胡萝卜去皮切薄片；香葱切末；鸡蛋打入碗中。切好的蟹味菇和胡萝卜放入沸水中焯水，焯过水的胡萝卜和蟹味菇控干水分；放入鸡蛋碗中，加入香葱末，打散加入适量食盐，再次搅拌均匀；热锅热油，放入搅拌均匀的蛋液，稍稍定型后推炒均匀熟透即可关火盛出。

9. 蟹味菇豆腐紫菜汤

原料：蟹味菇100克，干紫菜5克，水豆腐100克，盐、葱末少许。

制作：蟹味菇洗净、剥散；豆腐切丁；紫菜过清水。锅中加入适量的清水，加入蟹味菇一并煮开；再加入豆腐、紫菜，待翻滚后转小火煮约2分钟；最后加入葱末和盐调味，新鲜美味的蟹味菇豆腐紫菜汤出锅了。

九、茶树菇

(一) 茶树菇的营养与保健功效

茶树菇学名柱状田头菇，因野生于油茶树的枯干上而得名茶树菇。茶树菇盖嫩、柄脆，味道纯香可口，营养丰富，蛋白质含量高，每100克干品中含蛋白质28.9克，氨基酸含量高达25.56克，且含有多种人体必需氨基酸和丰富的B族维生素和钾、钠、钙、镁、铁、锌等矿质元素。

茶树菇具有祛湿、利尿、健脾胃、明目、治疗头晕、头痛、腹泻、呕吐等功效，是高血压、心血管和肥胖症患者的理想食品。对胃虚、尿频、气喘、小儿低热和癌症患者有食疗功效。茶树菇用作主菜、调味均佳，可与排骨、鸡、鸭煲汤，也可以炒、烩、凉拌。

(二) 茶树菇家庭食用方法

家庭消费的茶树菇都是来自人工栽培，有鲜品和干品之分。鲜品可直接食用，干品可直接炖汤，做菜需泡发后食用。正确的泡发方法是：剪掉其根部，将茶树菇剪段，用清水洗去浮尘，用温水泡10~15分钟即可。

茶树菇常见家庭菜谱如下。

1. 茶树菇拌黄瓜

原料：茶树菇200克，嫩黄瓜250克，香油、川盐、鸡精、花椒油各适量。

制作：鲜茶树菇洗净、改刀后，入沸水锅中焯水至熟，捞起入盘；将嫩黄瓜洗净、改刀成条，也盛入盘内，拌入川盐、鸡精、香油、花椒油即成。

2. 茶树菇炖鸡

原料：茶树菇300克，鸡450克，生姜片10克，苦参片8克，葡萄酒50克，川盐、鸡精、鲜汤各适量。

制作：鲜茶树菇洗净、改刀，净鸡砍成块，投入沸水锅中焯水后，再次洗净，入净锅内。加鲜汤、生姜片、苦参片、葡萄酒、净茶树菇、川盐适量，炖至烂时，起锅加鸡精即成。

3. 干煸茶树菇

原料：茶树菇 500 克，牛肉 100 克，生姜 1 块，洋葱半个，青红椒各 1 个，木耳少许，半茶勺小苏打粉，盐少许，糖 1 茶匙，料酒 1 汤匙，黑胡椒粉 1 茶匙，花椒粉 1 茶匙，半个鸡蛋清，少许生粉，麻油 1 汤匙。

制作：将茶树菇去根，剪成小段，洗干净后焯水、沥干；牛肉切丝，加半茶勺小苏打粉、少许水抓匀，放入冰箱涨发后，加少许盐、糖、料酒、黑胡椒粉、花椒粉抓匀，半个鸡蛋清、少许生粉上浆；生姜切末，洋葱切小粒，青红椒切成细丝，木耳撕一下备用。起锅上油，用少许油先将牛肉丝滑散，肉丝变色后，略放酱油炒熟后盛出；再用少许油煸香生姜、洋葱粒，倒入焯好水沥干的茶树菇翻炒，放炒好的牛肉丝，放适量盐、糖，淋上麻油，大火煸炒 5 分钟即可。

4. 干锅茶树菇

原料：茶树菇，五花肉，洋葱，小米椒、郫县豆瓣酱、老干妈辣酱、姜葱、盐、糖、酱油等。

制作：茶树菇洗净切段，入开水锅里焯水后捞出沥干水分备用；五花肉切薄片，姜、蒜切丝；洋葱和小米椒也切丝备用。锅中放少许底油，下五花肉煸至出油，下姜、蒜丝炒香；放入郫县豆瓣酱、老干妈辣酱炒出香味，倒入洋葱丝和小米椒翻炒；把焯好水的茶树菇放进锅里，继续煸炒 4 ~ 5 分钟；加适量盐、糖、酱油、鸡精调味。开始炒菜的同时，在另一个炉头上烧热瓦煲或铁盘，将炒好的菜全部放进瓦煲或铁盘，并撒葱丝和香菜提味，趁热上桌即可。

5. 茶树菇烧豆腐

原料：茶树菇，豆腐，青椒，胡萝卜，姜、蚝油、盐等调味品。

制作：茶树菇用淡盐水浸泡，洗净备用；豆腐切片；青椒切菱形片；胡萝卜切片。锅中倒油烧热，再放入豆腐片煎至两面金黄，盛出；先爆香姜，放入茶树菇，再放入青椒、胡萝卜与豆腐一起拌炒均匀；加入蚝油及适量水，一起炒匀后用小火慢慢烧至入味，再放入少许盐调味即可。

6. 腊肉炒茶树菇

原料：茶树菇 1 把，腊肉 1 块，胡萝卜半个，葱、姜、蒜适量，蚝油 1 汤匙，郫县豆瓣酱 1 汤匙，鸡精 1 茶匙，白糖 1 汤匙。

制作：茶树菇用温水泡发洗净，焯水后捞起，切去根部备用；腊肉入滚水锅焯烫 3 分钟，捞出冷却后切片；胡萝卜洗净切片；姜、蒜去皮洗净后切碎，大葱切断。锅中热油，大火烧至六成熟，转中小火，放入姜、蒜、郫县豆瓣酱和蚝油爆香，之后倒入茶树菇翻炒 1 分钟，倒入腊肉和胡萝卜片同炒，放入少许清水，并调入少许白糖和鸡精，加盖焖 3 分钟后关火，撒上葱段炒匀即可。

7. 茶树菇烧肉

原料：茶树菇 250 克，五花肉 500 克，油适量，姜 1 块，生抽 1 汤匙，老抽少许，冰糖 5 块，料酒适量，八角 2 个。

制作：干茶树菇去蒂洗净，在冷水里泡发；五花肉洗净切块，水烧开放入五花肉焯一下捞出，去除一些肉里的血沫和腥味。锅里放少许油，加糖炒至颜色变深后加入肉块，翻炒至肉块都均匀地变成了褐色；加入料酒、姜、八角和没过肉的开水，小火炖烧 20 分钟后，加入茶树菇再烧 1 个小时，这时加入生抽、老抽，大火将汤汁收浓，起锅即可。

8. 茶树菇鸡汤

原料：茶树菇 100 克，土鸡 1 只，葱姜适量，料酒 2 汤匙，盐适量。

制作：茶树菇泡发、洗净，剪掉底部的根；葱姜备好，鸡收拾干净。凉水放入鸡一起烧开，加葱、姜，撇去浮沫，加少许料酒；放茶树菇，连同浸泡菇的少量净水一起倒入；再次煮开后调小火煲1.5 小时，关火前加少量盐调味即可。

9. 茶树菇排骨汤

原料：茶树菇 100 克，排骨 400 克，盐适量。

制作：茶树菇用水浸泡至软后切去根部，清洗干净；排骨飞水后，冲洗干净浮沫；生姜切片。全部材料放进汤锅，加入 10 碗清水；大火煮开后转中小火煲 2 小时，放盐调味即可。

十、滑子菇

（一）滑子菇的营养与保健功效

滑子菇学名光帽磷伞，因其菌盖表面附有一层光滑黏液，故名滑子菇。其子实体色泽艳丽、清香柔滑、脆嫩爽口，富含有益于人体健康的蛋白质、糖类、维生素及矿物元素等营养保健物质。测定结果显示，每 100 克干菇含粗蛋白质 21.8 克，脂肪 4.25 克，碳水化合物 64.8 克，纤维素 7.35 克。

滑子菇菌盖黏液为一种含核酸的蛋白多糖组分，对保持人体的精力和脑力大有益处，并且还有提高机体免疫力、抑制肿瘤的功效。现代科学证明，滑子菇还具有护肝、美容、减肥等功效。

（二）滑子菇家庭食用方法

家庭消费的滑子菇多为清水罐头产品或干品。清水罐头用清水洗净后即可食用。滑子菇干品在食用前需要泡发，正确的泡发方法是：冷水去尘、洗净后，放入 60～80℃热水浸泡 10～15 分钟即可。

滑子菇常见家庭菜谱如下。

1. 滑子菇豆腐羹

原料：滑子菇，海鲜菇，素火腿，豆腐，豌豆，胡萝卜，盐、味精、油、麻油、水淀粉等。

制作：将滑子菇、切碎的海鲜菇及豌豆分别在开水中焯一下，捞出放入凉水中；胡萝卜、素火腿切丁。锅内倒入少量的油，下各种配料翻炒、加盐，少加一点水；待水开的时候将豆腐放入，稍微炖一会，加味精，加水淀粉勾薄芡，倒入少量的麻油，炒匀即可出锅。

2. 滑菇炒菜心

原料：滑子菇 100 克，油菜心 500 克，盐 3 克，味精 2 克，大葱 5 克，姜 5 克，淀粉 8 克。

制作：将泡发干滑子菇去老根、洗净，入沸水锅中焯透，捞出沥净水；大葱去根、洗净切成葱末；姜洗净去皮切成姜末；淀粉加水适量调匀成湿淀粉；油菜心洗净，切成 4 厘米长的段。架锅点火，放麻油烧热，投入葱末、姜末爆香，放入油菜心、滑菇煸炒片刻，加味精、精盐、素汤 200 毫升，烧沸后稍煨片刻，用湿淀粉勾芡，淋上麻油即成。

3. 发菜什锦菇

原料：滑子菇 100 克，白灵菇 100 克，白牛肝菌（干）100克，鸡腿蘑（干）100 克，发菜（干）5 克，竹笋 50 克，盐 5 克，味精 2 克，胡椒粉 2 克，素蚝油 5 克，酱油 5 克，花生油 20 克。

制作：将各种菇洗净、焯水，用凉水过凉；发菜用温水泡软，洗净泥沙。锅内加花生油烧热，爆香葱姜蒜，加各种菇，加汤和所有调料，慢火煨透，用漏勺捞出装盘，剩下汤加发菜煨透，湿淀粉勾芡，浇在菇上即可。

4. 滑子菇炒肉

原料：滑子菇，瘦肉，辣椒，盐、花椒、葱、酱油、姜、蒜等调味料各适量。

制作：滑子菇洗净、切段；瘦肉、辣椒切片。向干净的锅中加入适量的油，油变热之后，先放入花椒爆香，之后再把花椒去除，加入葱、蒜爆香，然后再放入肉片充分地翻炒；最后把滑子菇和辣椒一起放入锅中；出锅之前加入盐和酱油等调味料翻炒就可以了。

5. 滑子菇烧排骨

原料：滑子菇，排骨，大料、葱、姜、冰糖、料酒、红烧酱油、盐。

制作：滑子菇提前泡发、洗净；排骨焯水、控干。锅中放入少量的油，加入冰糖，小火使糖熔化，加入焯好水的排骨翻炒；加入料酒、红烧酱油、葱、姜继续翻炒；加入开水，没过排骨；倒入泡发好的滑子菇，烧开后转小火，焖 40 ~ 60 分钟后大火收汤即可。注意汤汁不要收得太干。

6. 酱汁玉菇

原料：滑子菇，鸡腿菇，油菜心，北豆腐，盐、鸡精、胡椒粉、米酱。

制作：滑子菇洗净备用；鸡腿菇切成小丁；将油菜择洗干净切成段；豆腐切成薄片，放入油锅中炸成金黄色捞出切宽条备用。锅中留余油，放入鸡腿菇和滑子菇大火翻炒片刻，倒入少量清水，加盐、鸡精、胡椒粉调味，烧开后放入米酱、油菜心、豆腐条，微煮一会，至酱汁溶化烧沸即可出锅。

7. 滑子菇汤

原料：滑子菇，金针菇，香菇，芹菜，适量的玉米和盐等调味料。

制作：把滑子菇、香菇和金针菇先用淡盐水充分浸泡，然后再用清水冲洗干净；芹菜叶清洗干净备用；把香菇的老根去掉，切成块儿状。往干净的锅中加入适量的水，等到水沸腾之后放入玉米、金针菇、滑子菇和香菇，然后用小火煮 20 分钟就可以了。最后再加入适量的盐和芹菜叶就可以出锅了。

十一、毛木耳

（一）毛木耳的营养与保健功效

毛木耳俗称粗木耳，又称黄背木耳、紫木耳等。毛木耳脆嫩可口，似"海蜇皮"，可以凉拌、清炒、煲汤，深受消费者的喜爱。测定数据显示，每 100 克干品毛木耳含有粗蛋白 7 ~ 9.1 克，粗脂肪 0.16 ~ 1.2 克，糖类 64.16 ~ 69.2 克，粗纤维 9.7 ~ 14.3 克，氨基酸含量为 4.68%，且人体必需的 8 种氨基酸含量丰富。

毛木耳保健功效与黑木耳近似，具有滋阴强壮、清肺益气、补血活血、止血止痛等功效，是纺织和矿山工人很好的保健食品。毛木耳粗纤维含量较高，这些纤维素对人体内许多营养物质的消化、吸收和代谢有很好的促进作用。据日本的资料报道，毛木耳背面的绒毛中含有丰富的多糖，是抗肿瘤活性最强的六种药用菌之一。

（二）毛木耳家庭食用方法

市场上的毛木耳有鲜品和干品之分。鲜品可直接食用，干品需泡发后食用。泡发方法及注意事项与黑木耳相同。

毛木耳常见家庭食用菜谱如下。

1. 凉拌毛木耳

原料：毛木耳，胡萝卜，油、盐、酱、醋等调味品。

制作：将毛木耳清洗干净，然后用清水泡开，放到沸水中焯熟后捞出，凉水再次清洗干净，切成均匀的小块；将胡萝卜洗净切成丝，沸水焯熟、捞出；将毛木耳块、胡萝卜丝放到一个盆中，按自己的喜好加入油、盐、酱、醋等调味品，均匀搅拌好即可食用。

2. 松仁毛木耳

原料：毛木耳，松仁，玉米油、蚝油、葱、冷开水适量。

制作：将毛木耳用清水泡发好，用水冲洗干净、沥干，放入盘子里待用；起热锅，倒入适量玉米油，等油六成热时倒入毛木耳，翻炒1分钟；将松仁放入锅中，然后倒入适量的水，大火烧开后关成小火，盖锅盖，焖煮3分钟；在锅里倒入适量的蚝油，搅拌均匀；再在锅里加入适量的葱段，即可关火起锅。

3. 毛木耳烧豆腐

原料：毛木耳50克，豆腐300克，葱、姜、蒜、豆瓣酱、植物油、蚝油、白糖、淀粉、食盐等。

制作：将毛木耳用水泡发后清洗干净；将豆腐切成薄厚均匀的小块；将葱切丝，姜、蒜切片。起热锅，倒入适量的油，至八成热时关成中火，下豆腐煎至两面金黄色后取出备用；在锅里的余油中放入豆瓣酱，翻炒1分钟后放入葱、姜、蒜炒出香味；将煎好的豆腐放入锅中翻炒均匀；锅里倒入一碗开水，加入食盐、白糖、蚝油等调味品；将清洗干净的木耳放进去，水烧开后，盖上锅盖用小火烧5~10分钟；大火收汁，最后勾一点芡即可起锅。

4. 毛木耳炒鸡蛋

原料：毛木耳，鸡蛋，姜、葱、盐、色拉油等。

制作：毛木耳加水泡发后洗净，并在开水锅中烫熟捞出备用；鸡蛋打入碗中加入盐充分打散搅匀。先把鸡蛋倒入油锅内炒至九成熟后捞出待用；锅置火上加入色拉油，油温八成热时加入准备好的姜末、葱花炸香，然后倒入毛木耳并加入盐翻炒均匀，接着再倒入九成熟的鸡蛋，打散翻匀即可出锅装盘。

5. 小炒毛木耳

原料：毛木耳，洋葱，盐、鸡精、生抽等。

制作：毛木耳冷水泡发30分钟后洗净，热水焯熟，手撕成条状；洋葱去皮切成小块。锅置火上加入色拉油，下入毛木耳和洋葱一起炒熟，洋葱变色后加入盐、鸡精、生抽拌匀，出锅盛盘即可。

6. 毛木耳汤

原料：毛木耳100克，瘦猪肉100克，红枣5个，生姜2片。

制作：毛木耳泡开，热水焯熟，洗去表面杂质；瘦猪肉切丝，凉水入锅煮熟除去血沫。所有食材洗净后放入砂锅中，生姜垫底，依次加入瘦猪肉、毛木耳和红枣，大火熬煮至开锅后转小火，文火慢煮30分钟，加入一勺食盐即可。

十二、羊肚菌

（一）羊肚菌的营养与保健功效

羊肚菌因子实体菌盖部分凹凸呈蜂窝状，形态酷似翻开的羊肚（胃）而得名，近几年在我国已实现人工栽培。据测定，羊肚菌含粗蛋白20%、粗脂肪26%、碳水化合物38.1%；含有多种氨基酸，特别是谷氨酸含量高达1.76%，人体必需氨基酸齐全；至少含有8种维生素；锗、硒、锌、铁、钾等含量高于一般菌类食品，每百克干样钾、磷含量是冬虫夏草的7倍和4倍，锌的含量是香菇的4.3倍、猴头菇的4倍；铁的含量是香菇的31倍、猴头菇的12倍等。

现代科学证实，羊肚菌有机锗具有强健身体的功效；羊肚菌多糖具有增强机体免疫力、抗疲劳、抗病毒、抑制肿瘤等功效。国外研究报道羊肚菌菌丝体中含有酮、醛和酯等活性物质，有的还从羊肚菌子实体中提取并纯化出血小板凝集素抑制剂，该抑制剂能有效地防治心脑血管疾病；动物实验发现用钴 60 射线照射后，服用羊肚菌营养液小鼠的存活率比没有服用的小鼠高 25%，表明羊肚菌具有抗辐射的作用。中医认为，羊肚菌性平、味甘寒、无毒，有益肠胃、助消化、化痰理气、补肾壮阳、补脑提神等功效。

（二）羊肚菌家庭食用方法

家庭食用的羊肚菌有鲜品和干品两种。鲜品洗净后可直接食用。干品需要泡发后食用。一般用温水泡发，但加水量要适度，以刚刚浸过菇面为宜，20～30 分钟后水变成酒红色，羊肚菌完全变软即可捞出洗净备用。泡发后的酒红色原汤经沉淀泥沙后可用于烧菜、炖汤。

羊肚菌常见家庭食用菜谱如下。

1. 红烧羊肚菌

原料：羊肚菌，火腿，青椒，酱油、味精、盐等调味品。

制作：将羊肚菌泡洗干净；火腿、青椒切成菱形片备用。净锅放在旺火，倒入花生油烧热，放入豆瓣酱炒香，加入高汤、火腿、青椒、羊肚菌、酱油烧 3 分钟左右，加入味精调味，用生粉对水勾芡，淋入麻油即可。

2. 羊肚菌炖排骨

原料：羊肚菌，排骨，冰糖、姜、蒜、葱白、老抽、生抽、蚝油等调味品。

制作：将干的羊肚菌浸泡在约 45℃ 的清水里泡发 30 分钟左右，捞起轻轻挤出水分，原汤放一边沉淀，保留完全无杂质的原汤；排骨飞水洗净。锅里加入少量油，放入处理好的排骨煸炒，同时放入姜片、大蒜、葱段、冰糖炒出香味，加入适量老抽、生抽、一点蚝油翻炒均匀，接着倒入处理好的羊肚菌翻炒均匀；倒入沉淀好的原汤大火煮开，小火慢炖 40～45 分钟，炖至排骨酥烂脱骨时，转大火收干汤汁，撒葱花即可出锅。

3. 羊肚菌炖鸡

原料：羊肚菌，童子鸡，姜、葱、枣、枸杞等调味品。

制作：羊肚菌先用凉水清洗几遍，清洗好后再用温水开始泡，泡软后，把根蒂部分去掉，因为里面有大量沙土，再清洗几遍，沥干备用；童子鸡洗净，将鸡爪和鸡屁股去掉；姜切片，葱切成段。将鸡、葱、姜放好后注入清水，上锅开煮，开锅后将浮着的血沫撇干净，随后将羊肚菌、枣、枸杞一起放进锅内，炖 1.5 小时后，调入一点盐即可。

4. 羊肚菌烧肉

原料：羊肚菌，五花肉，豌豆苗，酱油、料酒、蜂蜜、味精、胡椒粉等。

制作：羊肚菌干品用温水浸泡约 30 分钟，洗净；带皮五花肉洗净后切成六分见方的块，加入酱油、料酒、蜂蜜拌匀，20 分钟后再加入蛋清及豆粉混匀。油锅烧至五成热，放入五花肉炸至金黄色，捞起；锅内留油，加入羊肚菌煸炒；再加入味精、酱油，烧一会儿后加入肉汤煮沸，投入五花肉移至文火烧约 20 分钟，加入味精、胡椒粉、豌豆苗，起锅后淋上麻油即成。

5. 羊肚菌枸杞排骨汤

原料：羊肚菌，排骨，枸杞，生姜等。

制作：羊肚菌清洗干净后温水泡发；枸杞也提前泡发备用；排骨洗净后，冷水入锅煮开，撇去浮沫，捞出备用，肉汤保留。将排骨、羊肚菌、姜片、肉汤、泡羊肚菌沉淀泥沙后的水，一起倒入电高压锅中，滴一点点醋，设定煲汤模式 25～30 分钟，程序结束后，将枸杞加入，再设定 5 分钟，开盖后即可享用。

6. 羊肚菌鱼片汤

原料：羊肚菌，鲜鱼，姜、蒜、料酒、味精等。

制作：羊肚菌干品用温水浸泡约 30 分钟，洗净；鲜鱼宰杀、洗净后切成片状。油锅烧至五成热，放入姜片、蒜片煸出味；加入适量水、料酒、精盐烧至沸腾；加入羊肚菌约 5 分钟后放入鱼片，煮沸后加入葱、胡椒粉、味精即可起锅。

十三、大球盖菇

（一）大球盖菇的营养与保健功效

大球盖菇是近年来新发展的食用菌新品种，商品名赤松茸。测定资料显示，大球盖菇子实体粗蛋白含量为 25.75%、粗脂肪为 2.19%、粗纤维为 7.99%、碳水化合物为 68.23%、氨基酸总量为 16.72%，含氨基酸达 17 种，人体必需氨基酸齐全。矿质元素中磷和钾含量较高，分别为 3.48% 和 0.82%。

科学证明，大球盖菇中的多糖和一些矿物质进入人体以后可以清理血液中的胆固醇，具有净化血液、软化血管的功效，经常食用能预防冠心病、高血脂及动脉硬化等多种常见疾病的发生。含有的膳食纤维可加快人类肠胃的蠕动，促进食物的消化与吸收，具有排毒减肥的功效。

（二）大球盖菇家庭食用方法

家庭消费的大球盖菇有鲜品、罐头与干品三种类型，以鲜品居多。新鲜大球盖菇菇体色泽艳丽、腿粗盖肥、食味清香，肉质滑嫩、柄爽脆，营养丰富，口感极好。罐头开盖后清水洗后即可直接食用。干品可用温水泡发后食用。

大球盖菇常见家庭菜谱如下。

1. 清炒大球盖菇

原料：新鲜大球盖菇 250 克，青椒 50 克，胡萝卜 50 克。

制作：将大球盖菇洗净，放入沸水中焯水，松软后冷水清洗干净、切成片，用手挤掉水分；青椒切丝、胡萝卜切片。起油锅，放入胡萝卜片爆炒，加入青椒丝，炒至颜色变成深绿；放入大球盖菇，爆炒半分钟，加盐等调味炒匀即可装盘。

2. 大球盖菇熘鱼片

原料：新鲜大球盖菇，草鱼，姜、大蒜、盐、料酒、胡椒粉等调味品。

制作：将大球盖菇去其根部，清洗干净，切成片，然后放入沸水锅中焯熟，捞出待用；草鱼宰杀去鳞、内脏，清洗干净，取净鱼肉，用刀片成片，然后放入碗中，加盐、料酒、胡椒粉、鸡蛋清、淀粉拌和均匀，备用。老姜、大蒜去皮，清洗干净，切成指甲片状；泡辣椒去籽及蒂，切成马耳朵形；大葱清洗干净，取其葱白，切成马耳朵形。取碗一个，将盐、料酒、味精、鲜汤、淀粉调成芡汁。锅置旺火上，烧精炼油至四成热，下鱼片滑散，放入姜片、蒜片、泡辣椒、葱炒香，加入大球盖菇炒入味，烹入芡汁，收汁亮油，起锅装盘即成。

3. 大球盖菇拌猪肚

原料：新鲜大球盖菇，猪肚，盐、白糖、酱油、蒜泥、味精、辣椒油、香油等调味品。

制作：大球盖菇洗净后，切成丝，放入沸水中焯熟，捞出，沥干水分；猪肚初加工干净后，放入水锅中煮熟，捞出放凉，切成细丝；将精盐、白糖、酱油、蒜泥、味精、辣椒油、香油放入碗中调成蒜泥料。将肚丝、大球盖菇丝与蒜泥料调拌均匀后，装盘即成。

4. 清蒸大球盖菇

原料：新鲜大球盖菇、葱段、姜片、盐、醋、黄酒、酱油等。

制作：将大球盖菇切根、洗净、切段，在碗中排好；加上鲜汤、黄酒、酱油、葱段、姜片、盐、醋，上笼蒸 20 分钟取出；捞出葱段、姜片、倒出汤汁，覆扣在盘中。炒锅置火上，倒入汤汁，加入精盐、味精。水开后用水淀粉勾芡，淋上香油即可。

5. 糖醋大球盖菇

原料：新鲜大球盖菇，糖醋汁。

制作：将大球盖菇洗净、去柄蒂，在开水中焯熟，压去水分，在平盘内摆成花朵形；淋上调好的糖醋汁，蒸 10 分钟即可。

十四、白灵菇

(一) 白灵菇的营养与保健功效

白灵菇，又名阿魏侧耳，白灵菇原野生于新疆荒滩沙漠伞形科阿魏植物腐茎根上，因其营养丰富、药效神奇，民间称之为"西天白灵芝"，由此得名白灵菇。白灵菇菇体品质非常好，组织紧实、洁白无瑕，货架期 20～25 天不褐变，不软腐。白灵菇肉质细嫩、味美，被称为"素鲍鱼"，被尊为食用菌家族中的上等珍品。其蛋白质含量高达 14.7%，含有 18 种氨基酸，其中人体必需的 8 种氨基酸齐全。此外，还含有多种矿物质元素和维生素。

白灵菇精氨酸、赖氨酸含量甚至比称为"智力菇"的金针菇还要高，儿童经常食用有利于智力发育；白灵菇多糖具有提高机体免疫力、抗肿瘤功效。常吃白灵菇具有消积化瘀、清热解毒，治疗胃病、伤寒等功效；有降低血压，防止动脉硬化，增强人体免疫功能等作用；可防治老年心血管病、儿童佝偻病、软骨病、骨质疏松等疾病，还具有增强人体免疫力，调节人体生理平衡的作用。

(二) 白灵菇家庭食用方法

家庭消费的白灵菇多为鲜品，适用于各种烹调方法，如炒、涮（火锅）、煎、炸、炖、煲、扒等。

白灵菇常见家庭菜谱介绍如下。

1. 鲍汁白灵菇

原料：白灵菇 100 克，西蓝花 50 克，鲍汁、蚝油、清水、油、盐适量。

制作：先把白灵菇洗净、切片；用 3 勺鲍汁、1 勺蚝油、2 勺清水调成酱汁备用。把调好的酱汁倒入切好的白灵菇里搅拌均匀，入盘放在锅中水开后蒸 10 分钟后取出备用。另起一炒锅，不用放油，直接把白灵菇带汁倒入炒锅中加一点点老抽，出锅前放少许水淀粉使汤汁浓稠。锅中放入清水，烧开后放入 2 勺油、1 勺盐，将西蓝花掰成小块后放入水中焯一下捞出，过下凉水后摆盘备用。炒制好的白灵菇放入摆好西蓝花的盘中，加入调料即可上桌。

2. 清炒白灵菇

原料：白灵菇，青红椒、盐、味精等调味品。

制作：白灵菇去掉根部，洗净，用开水焯一下备用；青红椒去蒂和籽后洗净、切大段。油锅热后下姜末爆锅，然后放白灵菇翻炒，加少许盐调味，再放入青红椒，炒至断生就可以出盘了。盛盘时可依个人口味撒少许胡椒粉提味。

3. 蚝油白灵菇

原料：白灵菇，红椒圈、蚝油等调味品。

制作：白灵菇洗净，用刀斜切成大片。锅中放少量油，用火煸炒，煸至水分基本没有时加入蚝油，炒匀后加入红椒圈，翻炒片刻后加香菜炒匀即可。

4. 油焖白灵菇

原料：白灵菇，葱白、姜、大蒜、青蒜苗、红椒、调味料。

制作：白灵菇切滚刀块儿，锅中放入适量清水大火烧开，下入白灵菇焯烫1分钟左右，捞出沥去水分；葱切片、姜切丝、大蒜切碎，青蒜苗切长段，红椒切细条状。炒锅入油烧热，下入白灵菇煸至稍稍发黄，下入葱、姜、蒜继续煸炒至出香味；加入盐、糖、生抽、老抽和少量的清水，小火焖5分钟左右；下入青蒜苗、红椒炒匀，淀粉1小匙加清水1大匙混匀倒入锅中勾芡后即可出锅。

5. 干烧白灵菇

原料：白灵菇，猪肉，豌豆，料酒等调味品。

制作：白灵菇用淡盐水浸泡并洗净，沥干水分，撕成小朵；猪肉洗净、沥水，切成末；将豌豆洗净，下入沸水锅内焯烫至熟，捞出用冷水过凉，沥干水分。坐锅点火，加入食用油烧至六成热，先下入猪肉末炒散，再放入豆瓣酱、蒜末、葱花炒香；烹入料酒，添入鲜汤，放入白灵菇、豌豆、酱油、食盐、白糖、味精烧至入味，出锅装盘即可。

6. 白灵菇炖鸡汤

原料：白灵菇 300 克，鸡肉 500 克，黑木耳 50 克，红枣、冬笋、干贝若干，葱、姜、料酒、精盐、清汤各适量。

制作：将白灵菇洗净、切片；鸡肉洗净、切块；黑木耳泡开；冬笋切片，干贝洗净，将冬笋、干贝分别加入锅中焯透后捞出。锅内加油烧至六成热时，放入白灵菇片、鸡肉块、红枣、黑木耳，煸炒后倒入砂锅；砂锅加适量水，旺火烧开，加入葱、姜、料酒、精盐、清汤，文火炖至鸡肉软烂，出锅即可。

十五、鸡腿菇

（一）鸡腿菇的营养与保健功效

鸡腿菇学名毛头鬼伞，因其子实体未开伞前形似鸡腿而得名。人工栽培子实体菌肉洁白细嫩，味道鲜美，营养丰富，具有极高的食用价值和药用价值，被联合国粮农组织和世界卫生组织确定为集"天然、营养、保健"三种功能为一体的 16 种珍稀食用菌之一。但要注意，由于鸡腿菇含鬼伞素，喝酒时最好不要食用，因鬼伞素会影响酒精的分解，造成乙醛在人体积累，出现脸红等症状。

鸡腿菇不仅营养丰富，而且具有益胃、清神、治痔、降血糖等功效。民间用其治疗糖尿病。药理实验证明，鸡腿菇还有提高机体免疫功能，抑制肿瘤生长，改善血液循环等效果。

（二）鸡腿菇家庭食用方法

家庭消费的鸡腿菇多为鲜品，适用于各种烹调方法，如炒、涮（火锅）、煎、炸、炖、煲等。

鸡腿菇常见家庭菜谱如下。

1. 鸡腿菇炒肉

原料：鸡腿菇 3 根，里脊肉 200 克，水淀粉、盐、食用油、豆瓣酱、鸡精、蚝油、料酒、生抽适量。

制作：将鸡腿菇洗净后切成大约两指宽的薄片，里脊肉改刀成略小于鸡腿菇的薄片，用油、料酒、水淀粉、生抽抓拌均匀腌制几分钟；锅中加油，油温四成热时加入肉片划散、炒制略微变色，加入豆瓣酱，翻炒上色后加入鸡腿菇，炒至略微出水后加入少许盐和味精翻炒均匀即可出锅装盘。

2. 蚝油鸡腿菇

原料：鸡腿菇 3 个，青椒 1 个，红椒 1 个，黑木耳 10 克，蚝油少许。

制作：将鸡腿菇清洗干净，切成条备用；黑木耳提前用水发好洗净；红椒和青椒洗净切成丝备用。平底锅内放入适量的食油，开中火烧热；锅热后倒入切好的鸡腿菇丝煸炒香，再加入水发黑木耳继续炒几分钟，一直炒到熟；倒入蚝油少许翻炒，最后加入青红椒丝炒熟即可食用。

3. 腊肠炒鸡腿菇

原料：鸡腿菇 2 个，腊肠 2 条，蒜瓣 5 瓣，生姜一块，葱一把，清水四汤匙，盐、糖、油、蚝油各少许。

制作：鸡腿菇切去根部后切片备用；腊肠洗净切片。烧热锅下少许食用油，爆香蒜和姜几分钟，腊肠煎出本身的油分；倒入切好鸡腿菇炒 5 分钟左右，加水煮至菇变软的时候收汁，再加入调料及葱炒 2 分钟即可出锅。

4. 虾仁鸡腿菇

原料：鸡腿菇 500 克，虾仁 250 克，鸡蛋 1 个，黄瓜 1 根，盐、淀粉、清水、料酒、米醋、白糖、味精、水淀粉、花生油、蒜末各少许。

制作：先将鸡腿菇用清水洗净、去杂质，每个切开成四片；虾仁抽掉虾线，放到一个大碗里，加入鸡蛋清，不要蛋黄，盐和淀粉少许拌匀；黄瓜清洗干净，切成小块备用；再取一个小碗，放入清水、盐、料酒、米醋、白糖、味精和水淀粉适量调匀对成芡汁。平底锅洗净置火上，放入花生油烧至五成热，放入裹上蛋液的虾仁滑散至熟，捞出放吸油纸上控净油；原锅中留少许底油，再次放到火上烧热，放入备好的蒜末和黄瓜块爆锅，倒入切好的鸡腿菇和炸过虾仁翻炒几下，倒入对好的芡汁，迅速翻炒两分钟，即可出锅装盘上桌。

5. 油炸鸡腿菇

原料：鸡腿菇 1 根，面粉 1 茶匙，淀粉 1 茶匙，鸡蛋 1 只，清水少许，食用盐、鸡精、椒盐少许。

制作：将鸡腿菇洗净切成小块，面粉、淀粉、鸡蛋加入少许食盐搅拌均匀，加入少许水调成可流动的糊状，倒入鸡腿菇搅拌均匀；锅烧热，加入足量的油，烧制油温五成热，加入鸡腿菇炸制外表金黄后捞出，根据口味撒上椒盐或者孜然粉即可食用。

6. 鸡腿菇汤

原料：鸡腿菇 1 根，酸辣汤粉包半包，淀粉适量，小葱一小把，盐、黑胡椒粉适量。

制作：鸡腿菇洗净切小片，和酸辣汤粉拌匀腌 5～10 分钟；小葱洗净切碎备用。开火，鸡腿菇连同酸辣汤粉下锅，以凉水煮开，加少许淀粉，打开锅盖继续滚。如有浮沫，撇干净。如果觉得味道淡，可根据自己口味加盐、加黑胡椒粉。滚到汤汁变得浓稠了一些就可以起锅了，然后在汤上撒上葱花。该汤兼具汤类的优点，滋阴补阳，口感颇佳。

十六、猴头菇

（一）猴头菇的营养与保健功效

猴头菇子实体肉质、内实、无柄、白色，基部狭窄，体外覆盖下垂的针形菌刺，菌刺长 1～5 厘米，看上去形似猴子脑袋，故因此得名。猴头菇是我国著名的食、药用菌。其子实体肉质鲜嫩可口，被誉为"山珍"，长期以来与熊掌、燕窝、鱼翅齐名。猴头菇营养十分丰富，含有碳水化合物、蛋白质、脂类、粗纤维、矿物质和维生素等多种营养成分，还含有 8 种人体必需氨基酸和多肽、萜类、甾醇、多酚和腺苷等生物活性物质。

我国传统中医认为，猴头菇具有保肝、健脾、养胃和助消化等多种功效。目前在制药领域已研发出各种剂型的中成药，如"猴头菌片""复方猴头冲剂""猴菇口服液"等，用于治疗胃炎等疾病。猴头菇除传统功效外，其抗肿瘤、抗溃疡、抗辐射和抗衰老等功效也成为近年来的研究热点。

（二）猴头菇家庭食用方法

家庭消费的猴头菇有鲜品，也有干品。干品做菜需要用温水泡发后食用，也可将干品打成细粉单独食用，治胃病，或将其加入主食做成饼干、馒头、面包等食用。

猴头菇常见家庭食用方法主要以炖菜或菌汤居多，具体介绍如下。

1. 猴头菇炖排骨

原料：猴头菇 50 克，猪小排 200 克，胡萝卜 50 克，枸杞 4 克，食盐 4 克，黄酒 1 汤匙，水 1.5 升，苏打粉 1 茶匙。

制作：猴头菇温水浸泡，反复挤压清洗，可以放 1 茶匙小苏打，帮助去除苦味，清洗完毕后挤干水分，切成小块备用，也可以在开水中焯一下水；小排骨清洗后焯水，清洗干净；胡萝卜切片。开火上锅，猴头菇、胡萝卜、小排骨加清水和料酒炖 2.5 ~ 3 小时，出锅前 10 分钟加入清洗干净的枸杞，加盐调味，出锅装盘即可。

2. 猴头菇烧猪蹄

原料：猴头菇 1 个，猪蹄 3 个，八角 2 个，盐 4 克，桂皮 1 片，香叶 3 片，干红辣椒 5 个，葱两段，老抽两勺。

制作：猴头菇用凉水泡发，猪蹄破成两半，用清水清洗干净；压力锅里倒入半锅凉水，将猪蹄、猴头菇放进去，放入八角、桂皮、香叶和干辣椒段，倒入少许老抽，拌匀后盖上盖子，烧开后继续炖 10 分钟即可。打开锅后，连汤汁转入铁锅或砂锅，加入姜丝、葱段，撒入盐，再烧开锅即可出锅。

3. 猪肚猴头菇汤

原料：猴头菇 100 克，猪肚 1 个，红枣 10 个，莲子 30 克，冰糖、酱油、黄酒适量。

制作：猴头菇用清水泡发 3 ～ 4 小时，泡好后取出去掉水分、切成块状；猪肚用清水清洗干净、去掉异味，加清水煮开、去掉油脂，取出切成条状。猴头菇、猪肚条一起入汤锅，加红枣、莲子与冰糖后再加入清水，最后放少量的黄酒，一起煲制成汤。煲好以后味道甘甜，口感特别好。另外，该汤还具养胃护胃、修复受损的胃黏膜、消除胃部炎症、调节胃酸分泌等作用，对胃炎以及胃溃疡都有很好的缓解和预防作用。

4. 猴头菇炖鸡汤

原料：土鸡半只，猴头菇 5 朵，生姜、料酒、盐少许。

制作：干猴头菇提前温水泡发 1 ～ 2 小时，鸡肉剁块，沸水中焯出血沫；将鸡肉、猴头菇、生姜放入汤锅，注水至八分满，大火烧开后转小火炖煮约 1.5 小时。随后，加入料酒、食盐再煮大约 10 分钟即可出锅。可根据个人口味，在炖煮时加入红枣、党参等原料。

5. 猴头菇饼干

原料：干猴头菇 30 ～ 50 克，低筋面粉 120 克，奶粉 10 克，黄油 70 克，全蛋 40 克，食盐 3 克，糖粉 40 克，香草精 1/4 茶匙，小苏打 1/8 茶匙，泡打粉 1/8 茶匙。

制作：干猴头菇入料理机打成粉（此做法会有苦味，可将干猴头菇多次换水泡发，攥干水分后再入烤箱烘干后打粉）；将除糖粉外其他粉类和猴头菇粉混合均匀；将室温软化的黄油加入糖粉打发，变白至体积膨胀，全蛋分 2 ～ 3 次加入搅拌均匀，倒入混合的粉类揉成面团，用保鲜膜包裹后入冷藏 10 分钟；面案撒玉米淀粉防粘，将取出的面团压成薄片，用模具扣出饼干的形状放入烤盘；烤箱 170℃ 预热 10 分钟后放入饼干 170℃ 烤 20 分钟；取出放干燥处冷却后即可食用。

十七、草菇

（一）草菇的营养与保健功效

草菇是一种重要的热带、亚热带菇类，因常常生长在潮湿腐烂的稻草中而得名，是世界上第三大栽培食用菌。300 年前我国已开始人工栽培，目前，我国草菇产量居世界之首。草菇具有肉质脆嫩、味道鲜美、香味浓郁等特点，有着"放一片，香一锅"的美誉。据测定，每 100 克鲜菇含维生素 C 207.7 毫克、蛋白质 2.68克、脂肪 2.24 克、糖分 2.6 克、灰分 0.91 克。草菇蛋白质含有氨基酸 18 种，其中必需氨基酸 40.47% ~ 44.47%，而且还含有钙、磷、钾等多种矿物质元素。

草菇的维生素 C 含量很高，能促进人体新陈代谢，提高机体免疫力，增强抗病能力。草菇还具有解毒作用，如铅、砷、苯进入人体时，可与其结合，形成抗坏血元，随小便排出。此外，草菇中还含有杀灭癌细胞的异种蛋白物质。经常食用草菇具有消食去热、防止坏血病、增加乳汁、保肝健胃、促进伤口的愈合，护肝肾、抗肿瘤、降低血糖等功效。

（二）草菇家庭食用方法

家庭消费的草菇有鲜品、罐头或草菇干。鲜品洗净后即可食用；罐头开罐后用清水洗净；干品需要温水泡发后食用。

草菇常见家庭菜谱介绍如下。

1. 清炒草菇

原料：草菇 300 ~ 400 克，姜、盐、生抽、鸡精、水淀粉适量。

制作：将草菇洗净，对切成两块。起油锅，将草菇煸炒，加入适量的生抽、清水和几片姜稍焖两分钟；起锅前，再加入适量的盐、鸡精调味，加点水淀粉勾芡就可以了。

2. 草菇西蓝花

原料：草菇 90 克，西蓝花 200 克，胡萝卜片、姜末、蒜末、葱段原料各少许，料酒 8 毫升，蚝油 8 毫升，盐 2 克，鸡粉 2 克，水淀粉、食用油各适量。

制作：草菇、西蓝花洗净切块，西蓝花、草菇分别焯水，捞出备用。用油起锅，放胡萝卜片、姜末、蒜末、葱段翻炒，放入草菇、料酒、蚝油、盐、鸡粉、清水、水淀粉，炒匀。将西蓝花摆入盘中，盛入草菇即可。

3. 草菇炒毛豆

原料：草菇 15 个，毛豆 250 克，生抽 1 勺，蚝油 1 勺，糖、鸡精、水淀粉适量。

制作：草菇切片，毛豆剥出后洗净备用。锅中加油烧热下毛豆炒熟，放入草菇翻炒片刻，加入少许水、生抽、蚝油、一点点糖，根据口味加入适量食用盐；待草菇成熟后加水淀粉勾芡，加入少许鸡精翻炒片刻即可出锅装盘。

4. 草菇炒牛肉

原料：草菇 20 个，牛肉 250 克，香菜 3 棵，生抽 1 勺，淀粉适量，料酒 1 勺，猪油适量，蚝油两勺，黑胡椒适量，麻油少许，小米辣 3 个。

制作：草菇洗净后对半切开，开水中加入少许盐和料酒，放入草菇烫大约 30 秒后捞出；牛肉切片加少许生抽、黑胡椒粉、食用油、淀粉腌制 10 分钟；姜切片、香菜切段，小米辣切段、蒜切粒，根据口味添加麻椒若干。锅烧热放入猪油炒化，放入料头爆香，将牛肉、草菇一起倒入锅中大火翻炒至变色，加入蚝油继续翻炒大约 1 分钟；最后加入香菜段翻炒几下即可出锅装盘。

十八、银耳

（一）银耳的营养与保健功效

银耳是我国传统的食用菌，历来都是深受广大人民所喜爱的食物。银耳营养成分丰富，检测分析显示，银耳含蛋白质 6.7% ~ 10%、碳水化合物 65% ~ 71.2%、脂肪 0.6% ~ 1.28%、粗纤维 2.4% ~ 2.75%、无机盐 4.0% ~ 5.4% 及各类维生素类。银耳含有 17 种氨基酸，其中，人体所必需 8 种氨基酸中的 7 种，银耳都可以提供；银耳中含少量的脂肪，不饱和脂肪酸占 75% 左右，主要是亚油酸。现代医学证明，银耳主要的药理有效成分是多糖，银耳多糖占其干重 60% ~ 70%，具有增强人体免疫力、扶正固本的作用。研究报告显示，银耳能提高肝脏解毒能力，起保肝作用；银耳对老年慢性支气管炎、肺源性心脏病有一定疗效；银耳富含维生素 D，能防止钙的流失，对生长发育十分有益；银耳富有天然植物性胶质，实际为蛋白多糖物质，因此具有滋阴作用，长期服用可以润肤，并有祛除脸部黄褐斑、雀斑的功效；银耳中的酸性多糖类物质，能增强人体的免疫力，调动淋巴细胞，加强白细胞的吞噬能力，兴奋骨髓造血功能。银耳和燕窝均为滋补之品，但燕窝价格昂贵，而银耳无论颜色、口感、功效都与燕窝相似，价格便宜，因此被称为"穷人的燕窝"。

（二）银耳家庭食用方法

市售银耳主要是干品。干品银耳泡发最好用冷水泡，用温热水泡银耳虽然容易发开，但泡发的银耳口感绵软、发黏，且部分营养成分易被溶解、损失。泡发银耳时一定要根部朝上，这样才能泡透。泡发好的银耳只需拣去泥沙和发硬的根结，不可搓洗，因为银耳叶片薄脆，容易揉烂。银耳泡完后最好当天食用。

银耳家庭常见食用方法介绍如下。

1. 凉拌银耳

原料：鲜银耳 150 克，小黄瓜 1 根，盐 1 汤匙，大蒜 5 瓣，红辣椒（切碎）半茶匙，糖 1 茶匙，醋半汤匙，麻油 1 茶匙。

制作：将泡发银耳斯成小朵，放入沸水中滚烫片刻，捞起沥干备用；将黄瓜切成细条放入盐腌制 5 分钟，用冷开水冲掉盐；将大蒜切成片。把烫好的凉银耳、黄瓜细条放进盆里，加入蒜片、糖、醋、盐、芝麻油和红辣椒搅拌即成。

2. 银耳羹

原料：银耳，冰糖，枸杞，雪梨，红枣。

制作：将泡发银耳用水洗净、撕成小块；雪梨洗净切块。将银耳、雪梨放入锅中，加适量水，大火煮开后，加入冰糖、枸杞、红枣等，小火炖煮至黏稠即可。

银耳羹是最好、最常用的家庭食用银耳方法。制作好的银耳羹要注意以下四点：一是干银耳必须要放在冷水里面浸泡，需要 2 个小时左右；二是在浸泡银耳的时候，可以加入一点白醋，可起软化作用并让银耳里面的胶质更加容易煮出来；三是银耳一定要撕成小块，硬芯要挑出来丢掉；四是大火煮开后一定要小火慢煮。大火煮银耳反而会让银耳没有办法出胶，银耳炖煮半个小时以后可以加入莲子、百合，再过 20 分钟以后再加入冰糖，冰糖熔化以后加入枸杞就可以直接关火，可以把银耳继续焖半个小时左右，会让银耳出胶更多。

另外，按同样的方法和技巧还可熬制银耳莲子羹（银耳、莲子、冰糖、大枣、枸杞），红糖银耳羹（红糖、银耳、红枣），白果银耳羹（白果、苹果、银耳、枸杞、冰糖）等。

十九、金耳

（一）金耳的营养与保健功效

金耳俗称脑耳，又称为金银耳、黄耳、黄木耳等，和人工栽培的银耳亲缘关系较近，同属银耳属，是一种珍贵的药食两用真菌。其子实体色泽鲜艳亮丽，呈现金黄色，初期耳基部楔形，如脑状或不规则的裂瓣状；中期裂瓣形状多样，深浅不一；后期组织呈纤维状，部分出现空壳。子实体脆甜、鲜嫩，含有人体必不可少的蛋白质、氨基酸、胶质物、胡萝卜素、多种维生素及矿物质等，其食用与药用价值与银耳相同。

据《中国药用真菌》记载，金耳性温中带寒，味甘，能化痰、止咳、定喘、调气，平肝肠，主治肺热、痰多，感冒咳嗽、气喘、高血压等。现代科学研究表明，其药效主要成分是金耳多糖，金耳多糖具有调节免疫、抗辐射、抗溃疡和抗炎作用，可降低机体血糖、血脂等。

（二）金耳的家庭食用方法

在我国，金耳主要出现在高档宴席上，用于制作各种具有特殊风味的素食滋补菜肴,其具有丰富的胶质,因此口感滑嫩爽口。用金耳烹制的素菜具有特殊的色、香、味,是筵席上不可多得的佳肴。金耳富含胶质,用冰糖炖食,不仅滑嫩爽口,还有清心补脑的保健作用。由于金耳富含胶质类物质,可添加到面包、果酱等常见即食消费产品中,以增加金耳的大众消费量。

金耳常见食用方法介绍如下。

1. 冰糖金耳鸽蛋

原料:鸽蛋20个、金耳150克、冰糖200克。

制作:将鸽蛋破碎入碗,放入开水锅中制成荷包蛋,取出备用;将金耳洗去泥沙,用凉水泡发后,控去水分。炒锅上火,注入清水1升,沸腾时下入冰糖溶化,接着下金耳,煮约2分钟,打去浮沫,倒入鸽蛋煮1分钟即成。

2. 蜜汁金耳

原料:水发金耳400克、冰糖150克、鸽蛋12个、蜂蜜80克、樱桃12粒。

制作:将金耳择净根部砂粒,凉水泡发后淘洗干净,装入碗内,放冰糖和300克清水,用旺火蒸15分钟;将鸽蛋磕在12把小汤匙中,上笼蒸5分钟。炒锅上旺火,加入蒸金耳的汁水,放入蜂蜜,加热溶化成蜜汁;金耳入汤盘,周围用鸽蛋和樱桃交叉围边摆放,把锅内的蜜汁淋上即成。由于金耳胶质溶于糖水、蜂蜜之中,该菜呈滑嫩爽口、金耳软糯、鸽蛋鲜嫩的特点,具有清心补脑的保健作用。

3. 金耳羹

原料:金耳25克,冰糖等。

制作:将泡发金耳去杂、洗净,放在锅中加水煮一段时间,加入冰糖小火炖煮6~8小时,至金耳熟透、呈稠糊状,盛入碗中即成。此品既能滋补,又能清泄。常作为肝肾阴虚、肝阳偏亢的高血压病、肺热伤阴、咳嗽痰多或气喘等病症的保健食疗之品。

4. 金耳百合羹

原料:金耳25克,百合50克,白糖等。

制作：将泡发金耳去杂、洗净、撕片；百合用温水泡发洗净。锅内放入适量水，加百合煮至将熟，加入金耳、白糖，文火煮至百合、金耳熟透，出锅装碗。该品具有化痰止咳的功效，可治肺结核、久咳、痰多、感冒咳嗽、气喘、病后虚烦、惊悸等症。

二十、黑皮鸡枞

（一）黑皮鸡枞的营养与保健功效

黑皮鸡枞学名为卵孢小奥德蘑，该菇味道鲜美，柄脆可口，软滑爽嫩，具有较高食用价值。黑皮鸡枞肉质细嫩、口感独特，含有人体所需要的蛋白质、脂肪，还含有钙、磷、铁、核黄酸等多种营养成分。除营养成分丰富外，具有益胃、清神、治痔及降血脂的作用，有养血润燥、健脾胃等功效，可用于治疗食欲不振、久泻不止、痔疮下血诸症。黑皮鸡枞多糖具有调节生物反应、抑制癌细胞生长、降低血压和胆固醇等作用。

（二）黑皮鸡枞家庭食用方法

家庭消费的黑皮鸡枞多为鲜品，也有干品，但需要温水泡发后食用。

黑皮鸡枞常见家庭菜谱介绍如下。

1. 清炒黑皮鸡枞

原料：黑皮鸡枞200克，葱姜蒜适量，盐、生抽、蒸鱼豉油、淀粉少许。

制作：将黑皮鸡枞清洗干净后对半切开，锅中注水烧开后将鸡枞放入焯水，焯水后剩余的汤留下一碗备用；葱姜蒜切片。锅烧热后加入少量油，放入葱姜蒜爆香；放入鸡枞，加入生抽和蒸鱼豉油翻炒均匀，加入少许蘑菇水和食盐炖煮片刻，淀粉加入少量蘑菇水调制成水淀粉，加入勾芡至汤汁浓稠即可出锅装盘。

2. 黑皮鸡枞炒秋葵

原料：黑皮鸡枞250克，秋葵150克，花生油15克，小米辣1

个，盐焗沙姜粉 1 小勺，白糖适量，蒜片 2 瓣。

制作：将鸡枞菌、秋葵轻轻焯下水后捞起，浸泡凉水降温捞出滤干水备用。热锅热油炒香蒜片，倒入鸡枞菌与秋葵一同翻炒，加入盐焗沙姜粉、盐、白糖翻炒均匀试味，最后加入小米辣翻炒一下装盘出锅。

3. 鸡枞油

原料：黑皮鸡枞 1 千克，菜籽油 500 克，花椒辣椒 150 克（可根据个人口味适量添加），大蒜半头，盐 60 克。

制作：将鸡枞清洗干净后晒干，油烧热后加入香料爆香后加入鸡枞，微火炸 2～3 小时至水分全干，放入可密封的瓶中封盖保存，装瓶时要保证油的表面没过鸡枞。鸡枞油可用来炒菜、拌饭、拌面食用。

二十一、裂褶菌

（一）裂褶菌的营养与保健功效

裂褶菌，又名白参（云南）、树花（陕西）、白花、鸡毛菌（北方），常生长在枯死的树木上，野生量很大，目前可以人工栽培。裂褶菌具有很高的食用价值，质嫩味美，具有特殊的浓郁香味，碳水化合物、蛋白质、脂肪、灰分、水分、粗纤维、黄酮、矿质元素、维生素和氨基酸含量丰富，人体必需的 8 种氨基酸总含量达 17%，并富含锌、铁、钾、钙、磷、硒、锗等矿质元素。

据《药用真菌》等籍记载，裂褶菌"性平，味甘，气味（根）苦、微寒、无毒，对小儿盗汗、妇科疾病、神经衰弱、头昏耳鸣等症疗效明显"。现代科学研究表明，其药效主要成分是多糖。日本学者铃木宗司等最早发现裂褶菌多糖除了可以明显增加脾脏产生抗羊红细胞抗体的细胞数外，还可以增强迟发性皮肤过敏反应，可以非常明显地抑制肿瘤的生长。20 世纪 80 年代，日本临床使用裂褶菌多糖治疗一些以消化道癌为主的胃癌、胰腺癌及直肠癌时，发现也可以用裂褶菌多糖作为免疫治疗剂有效治疗进行性癌症。日本已经使用裂褶菌还原糖来制作药品，名为施佐非兰，用于治疗子宫癌，并且增强患者的免疫能力。肌肉、腹腔或静脉注射都可以发挥免疫作用，还可以表现出很好的抗肿瘤活性。国内也有大量关于裂褶菌多糖提高免疫力、抗肿瘤的报道。

（二）裂褶菌的家庭食用方法

裂褶菌在市场上多被称为白参菌，且多为干品，可以将其看成一种干品野生蘑菇去食用，按野生蘑菇的食用方法去食用，既可用于炖煮、煲汤，又可用来做菜、涮火锅等。但干品白参菌食用前需要泡发，正确的泡发方法是：首先用流动清水，快速冲去白参菌表面的浮尘；接着用温水浸泡 30 分钟左右，子实体完全涨发就好了。另外，由于裂褶菌的主要功效成分是多糖，可采用中药熬制或泡茶的方式在家庭进行食用。家庭常见烹饪菜肴方法如下。

1. 白参菌青椒炒鸡蛋

原料：干白参菌 15 克，鸡蛋 2 个，青椒 1 个，食盐适量。

制作：白参菌用温水泡发后洗净泥沙、挤干水分；青椒洗净，去籽切成小块；鸡蛋打入碗内，加适量的食盐打均匀。炒锅上火，倒入少许的食用油烧热，放入白参菌翻炒至熟，并加入适量的食用盐翻炒盛出。另外起热锅，加油烧热，放入青椒炒熟，倒入鸡蛋液，趁鸡蛋呈液态还没有完全凝固的时候，倒入白参菌；等到蛋液包住白参菌，翻炒炒熟即可。

2. 白参菌炒五花肉

原料：白参菌，五花肉，大蒜叶，红辣椒、食用油、食盐等。

制作：首先把白参菌用温水泡发、洗净；五花肉洗净、切片。锅内放油，放入五花肉炒至金黄色，放入红辣椒，倒入白参菌翻炒均匀；放盐，加少许的水焖干；最后放入大蒜叶翻炒几下即可出锅。

3. 白参菌蒸鸡蛋

原料：干白参菌，鸡蛋，猪油、食盐、草果面等。

制作：根据人数，取适量的白参菌，冲洗干净以后，用温水浸泡 30 分钟左右，洗净，挤干净水分，然后切碎备用；取 2~3 个鸡蛋，打入盆内，搅拌均匀，加入适量的清水，再加一汤匙猪油，少量盐、草果面，倒入切碎的白参菌搅拌均。最后放入蒸锅内隔水蒸20 分钟即可食用。

4. 白参菌瘦肉粥

原料：大米 80 克，白参菌 10 克，瘦肉 50 克，胡椒粉、葱花、香油、食盐少许。

制作：先把大米淘洗干净，用水泡发；白参菌洗净泥沙，用温水泡发；瘦肉洗净，剁成肉末，用盐、生抽、少许的味精腌制入味。锅中放入适量的水，滴几滴香油，下泡发的大米煮粥；等到粥熟了以后，放入白参菌、瘦肉，一起煮至粥黏稠；最后放入食盐、胡椒粉即可开吃。

二十二、药用菌

药用菌通常指具有医药价值的大型真菌。野生的有冬虫夏草、蝉花、雷丸、安络皮伞、云芝等，人工栽培的有蛹虫草、灵芝、桑黄、猪苓、茯苓等。近代医学研究表明，它们不仅具有传统的益气、强身、祛病、通经、益寿等功能，还有增强人体免疫力、抗肿瘤的功效。

（一）灵芝与灵芝孢子粉

1. 灵芝的药用价值

灵芝是一种著名的药用真菌，俗称灵芝草、瑞草、仙草，自古就被视为"吉祥物"。过去有白娘子盗灵芝使许仙起死回生的美好传说，被视为"起死回生""长生不老"的灵丹妙药。对于灵芝，自古代以来即有药用记载。在中国和许多其他亚洲国家被用作药和功能性食品已有两千多年的历史。近日，国家已出台对灵芝等 9 种物质试点既是食品又是中药材管理的政策。

中医认为，灵芝具有"益心气""益精气""安精魂""坚筋骨""利关炎""治耳聋"等功效，将其视之为滋补强身、扶正固本，延年益寿之良药。现代医学研究证明，灵芝菌体内含有有机锗、多糖、氨基酸、维生素、甾类、三萜类等有效成分，具有扶正固本、滋补的作用。其中，有机锗能提高血红蛋白携氧能力，使血液循环畅通，促进新陈代谢，延缓衰老；灵芝多糖可提高机体免疫功能，增强体质，具有抗肿瘤的作用。

灵芝抗肿瘤、抗衰老的神奇疗效，已为人们普遍接受，其保健作用的物质基础是灵芝酸（三萜类化合物）、灵芝多糖等活性物质。此外，灵芝中有机锗的含量也非常高，是枸杞的 110 倍，是人参的 5~8 倍。灵芝对治疗神经衰弱、慢性支气管炎、冠心病、心绞痛及高血脂、高血压、肝炎等均具良好效果。目前医学上应用的灵芝胶囊、灵芝片、灵芝注射剂等都是以灵芝菌丝体或子实体做主料配制的。

2. 灵芝孢子粉

目前市场上的破壁灵芝孢子粉很畅销。灵芝孢子粉作为灵芝的"种子"，其功能性成分主要有灵芝多糖、三萜类、蛋白质、多肽、氨基酸、核苷类化合物、有机锗等，对人体的保健功效主要是提高免疫力、抗肿瘤、预防心脑血管病的发生等。但其仍属于针对亚健康人群的保健食品，绝对代替不了药品。

（1）灵芝孢子粉收集方法。当灵芝菌盖边缘黄白色、生长圈消失后 15 天左右，子实体有孢子粉弹射时，就可开始收集孢子粉。主要采收方法有以下几种。

①套袋采粉。在灵芝即将弹射孢子时，在地面铺设薄膜或无纺布，同时在灵芝菌柄基部套上薄膜或无纺布筒袋，下端以菌柄为中心，结扎成袋，袋口朝上，再围绕菌盖，在袋内插入白色纸板或无纺布，将纸板打小孔，增加透气，并将纸板或无纺布上端连结成筒，筒口上盖一纸板或无纺布，防止孢子粉逃逸，盖板与灵芝菌盖要有 5 厘米的空隙距离，套袋采粉要十分注意通风，采粉期灵芝棚两头薄膜需敞开，保持空气相对湿度在 75%~80%。可分批收集孢子粉。

②风机采粉。用风机加长布袋组成的孢子收集器收集孢子粉。当灵芝孢子开始释放时，将孢子收集器放置在灵芝棚中间，距地面1～1.5米高。开动风机，形成负压流，可将灵芝孢子粉吸入收集袋中，定期敲打收集袋即可。

（2）灵芝孢子粉破壁与检测方法。由于灵芝孢子有两层几丁质硬壳，肠道中难以溶解吸收，所以通常要对灵芝孢子粉进行破壁处理。首先将收集的孢子粉烘干，然后采用物理方法，如用机械碾磨、气流粉碎等方式对孢子粉进行破壁，破壁率不得低于95%。破壁率常用血球计数板（25个中格×16个小格或16个中格×25小格）计数。

破壁后的灵芝孢子粉应避光、低温保存。

（二）茯苓与猪苓

茯苓、猪苓均是我国传统名贵中药，其入药部分主要是产生在地下的菌核。

1. 茯苓的药用价值

茯苓在我国已有三千多年的药用历史，《神农本草经》把它列为药中上品。茯苓有利尿、安神、平心律、助消化等功能，可治疗水肿、失眠、心悸、腹胀等病。现代研究表明，茯苓含有大量的果胶、茯苓酸、茯苓多糖、酸性三萜物质及甲壳质等。茯苓多糖由于具 β（1−6）分支，本身不具抗肿瘤作用，但若用化学方法将其转化为羧甲基茯苓多糖，对小鼠 S−180 肿瘤抑制率为96%。茯苓在中药处方中配伍率极高，曾经有人做过调查，几乎80%的中药处方都用了茯苓。

2. 猪苓的药用价值

猪苓味甘、淡，性平，归肾、膀胱经，功效利水渗湿，常用于治疗小便不利，水肿，泻泄，淋浊等病。现代研究表明，猪苓中含麦角甾醇、精蛋白、多糖等成分，具有利尿、治水肿的功效，对肺癌、肝癌、膀胱癌引起的腹水有效，有煎剂、散剂及针剂用于临床。猪苓多糖注射液与乙肝疫苗合用，对医治慢性病毒性肝炎有明显效果。

（三）冬虫夏草和蛹虫草

冬虫夏草和蛹虫草均属于虫草属的两种食药用菌。我国传统医学认为虫草属于补益类中药，补益即扶助正气，其通过免疫调节作用提高免疫力；而清除自由基、抗氧化作用则是在扶助正气的基础上，表现出来的祛除邪气功效，因此虫草不仅可以扶正，还可以祛邪。

1. 冬虫夏草的药用价值

冬虫夏草是一种名贵的药材，由于不能人工栽培，并且主要产自我国的青藏高原地区，可是说是目前身价最高的食用菌。传统医学《本草从新》记载：冬虫夏草"味甘性温，秘精益气，专补命门"；其气微腥、味微苦，性甘、平，归肺、肾经，具有益肺补肾和化痰止血的功效。

现代医学研究表明，冬虫夏草具有抗癌、滋补、免疫调节、抗菌、镇静催眠、降血糖等功效。其主要功效成分为虫草多糖、冬虫草素、虫草酸、虫草多肽等。虫草多糖可以增强单核巨噬细胞的吞噬能力，进而起到免疫调节和抗肿瘤等作用，其抗肿瘤活性与分子量有很大关系。虫草素可以有效渗透到肿瘤 DNA 中去，或者在 RNA 中发挥作用。此外，虫草素在抗病毒、抗炎、降血糖和降脂方面也具有积极作用。虫草酸可以有效清除羟自由基，表现良好的抗氧化、抗衰老作用。虫草多肽可以有效降低血清补体中 C3 的含量，有效对抗机体中的脂质过氧化物反应，并对谷胱甘肽过氧化物起到积极的抑制作用，表现抗氧化、抗炎、镇痛的作用。

2. 蛹虫草的药用价值

蛹虫草和冬虫夏草在分类上亲缘关系较近，主要区别表现在：寄主和分布两个方面。冬虫夏草的寄主为蝙蝠蛾幼虫，主要分布在海拔 3 600 ~ 5 200 米的青藏高原、云、贵、甘的寒冷地区，目前尚未实现人工栽培。蛹虫草的寄主为夜蛾科等蛹体上，对寄主选择性不强，简称蛹草，也称为东北虫草、北冬虫夏草，它分布世界各地，是国内外公认的可以食用和药用的一种真菌，可代替冬虫夏草入药，能够在多种寄主或培养基上生长。

人工培植的蛹虫草与天然生长的冬虫夏草在化学成分上是完全一致的，甚至功效成分比冬虫夏草更高。中国科学院理化分析测试实验室化验报道，具有虫草代表性的 4 种主要药理成分：虫草素、虫草酸、虫草多糖和 SOD 酶，人工蛹虫草与野生冬虫夏草相比，除了虫草酸略低于野生虫草外，其余均明显高于野生虫草。虫草多糖高 2 倍，SOD 酶高 5 倍，虫草素高达 89 倍。尤其在众多虫草属中，能产生最具特有代表性成分的虫草素，只有人工蛹虫草是能产生大量虫草素的品种。人工蛹虫草里虫草素的含量大概是野生虫草的 10 倍左右。目前，野生冬虫夏草由于量少，价格昂贵，对很多消费者来讲消费不起，但人工栽培的蛹虫草还是可以消费的。

（四）桑黄

1. 桑黄的药用价值

桑黄是近几年在我国栽培较热的一个药用菌品种。在药物学专著《神农本草经》中记载为"桑耳"，唐代甄权的《药性论》记载为"桑耳使，一名桑臣，又名桑黄"，首次出现了"桑黄"两字。根据历代本草记载，初步归纳的桑黄功效有活血化瘀、益气、理气、散结等。唐代孟诜在其《食疗本草》中记载："寒，无毒""利五脏，宣肠胃气，排毒气。"关于桑耳（桑黄）汤功效的记载有："主治妇人虚损，或房室无忌，带下赤白。"桑黄还有食用价值，明代《本草蒙筌》记载："（桑黄）采收剉碎，醇酒煎尝。"此外，在山东省沿着黄河故道的夏津、临清、无棣等地区民众有多年桑黄泡茶饮用习俗或餐饮中作为提鲜剂加入酱油中。桑黄自古以来，临床主要用于肿瘤疾病、出血症、咽痛、遗尿涩痛等。桑黄在妇科病治疗中应用较多，包括子宫肌瘤、子宫癌、乳腺增生、乳腺癌等。桑黄不同发育时期子实体功效不同。

现代科学研究表明，桑黄子实体中的主要药用成分是黄酮类、多糖、吡喃酮和三萜类等。黄酮类物质具有抗肿瘤、抗氧化、降血脂、调节机体免疫、扩张血管、解毒、抑菌等功效；多糖类具有调节机体免疫、抗肿瘤、降血糖、抗氧化、解毒、抑菌、消炎、防诱变、缓解败血性休克、治疗糖尿病、促进消化等功能；三萜类物质的主要表现为抗肿瘤活性；吡喃酮类具有抗肿瘤、抗氧化、降血糖、解毒、抑菌、消炎、防诱变、抗基因突变、预防和治疗自身免疫性炎症等作用。其他如脂肪酸、香豆素、氨基酸、芳香酸、落叶松覃酸、麦角甾醇、酶类等，表现为舒张血管、防诱变、护肝、抗肿瘤、降血糖、降血脂等功效。

2. 桑黄产业存在的问题

目前，我国桑黄产业存在的主要问题是品种问题。被国内外称为"桑黄"的种类较多，主要包括：裂蹄针层孔菌、火木层孔菌、瓦宁木层孔菌（杨黄）等。据考证，粗毛纤孔菌是我国传统中药桑黄；瓦宁木层孔菌，又称杨黄，其野生种类主要分布于吉林省长白山地区，多年生，生长在野生山杨上。目前瓦宁木层孔菌的栽培规模较大，栽培技术较成熟，在延边地区民间有应用习俗，具有抗肿瘤、增强机体免疫、抗氧化、消炎、降血糖血脂、抗肺炎等药理学功能。

（五）药用菌的加工食用方法

食药用菌的加工食用方法主要有以下几种。

1. 精深加工

参照前面介绍的提取方法，以药用菌水提物或醇提物为原料，制作成口服液、胶囊、片剂等。该方法技术含量高、产品食用方便，如市场上的灵芝、桑黄口服液等。

2. 打粉食用

参照前面介绍的烘干、破碎方法，将灵芝、灵芝孢子粉、桑黄、猴头菇、虫草等去杂、洗净、烘干后，采用中药粉碎机、振动磨等粉碎机械打成 100 目以上的超细微粉。每天取 3～5 克，温开水服用或灌制成胶囊食用更方便；食用破壁后的灵芝孢子粉，更易吸收。

3. 泡酒食用

常用于灵芝、桑黄、虫草等。取切片灵芝或桑黄或虫草 50 克，用 1 千克 50 度以上白酒浸泡 1 周后即可饮用。就是常说的灵芝酒或虫草酒。

4. 药用菌茶

常用于灵芝、桑黄或虫草等。取切片灵芝或桑黄或虫草 20 克，加水 1 000 毫升上火煮约 10 分钟。最好用养生壶浸泡 30 分钟、煎煮 30 分钟，可以反复加水，边煮边喝，一直煮到味道比较清淡为止；也可用闷泡法，用开水闷泡 1~2 小时，喝完可继续加沸水焖泡。灵芝或虫草可重复利用 2~3 次。

5. 煲汤、炖煮食用

药用菌完全可以用于煲汤、炖煮家庭消费。家庭炖鸡、炖鸭时，可加 3~5 片灵芝或桑黄片一同炖煮，不仅可提高烫的鲜味，而且灵芝或桑黄中的多糖、小分子功效成分会释放到汤里，提升汤增补元气的作用。介绍几款适合家庭的药膳如下。

（1）灵芝莲子清鸡汤。

原料：灵芝 2 朵、莲子 20 颗、鸡架 250 克，姜片少许、陈皮 2 块。

制作：鸡架洗净切块焯水后捞出；灵芝切块与其他材料一起放入炖盅，加水至没过所有材料；盖上盖子炖大约 1.5 小时；根据口味加适量的盐略微炖煮即可出锅。

（2）灵芝二仁汤。

原料：灵芝 15 克，核桃仁 15 克，甜杏仁 12 克，冰糖适量。

制作：剪碎灵芝，加水煎煮两次，每次 1 小时，取汁。把核桃仁、甜杏仁、冰糖放入碗内，倒入灵芝煎液，用文火炖熟即可。每日清晨服用，适用于支气管炎、咳嗽多痰等。

（3）虫草老鹅汤。

原料：老鹅半只，虫草 28 克，花香菇 3 个，枸杞 8 克。

制作：鹅肉选用现杀的新鲜鹅肉，切成小块后，锅中水烧开，焯掉血水之后捞起，过冷水，沥干，待用。八角、香叶、桂皮等佐料用纱布包好，和鹅肉一起下锅。加少许润锅的油，葱段、姜片下锅，放鹅肉，加入适量料酒，煸炒出香味之后放入枸杞、香菇，加适量水，大火煮 30 ~ 50 分钟。此时捞出之前的香料包，把泡软的虫草花放入砂锅内，转小火，慢炖 3 ~ 5 小时。出锅前加入适量的盐、蘑菇精、葱丝即可。如将老鹅用老鸭代替可做成虫草老鸭汤。

（4）虫草炖瘦肉。

原料：冬虫夏草或蛹虫草数条，瘦肉 100 克。

制作：瘦肉洗净剁成肉末，虫草洗干净后放入炖盅；加水至八分满；隔水炖 3.5 ~ 4 小时，最后加入少许食盐即可食用。

（5）虫草波蛋。

原料：冬虫夏草 2 根或蛹虫草 8 根，鸡蛋 1 个。

制作：鸡蛋打散放入少量盐和料酒，搅拌均匀；将 1.5 倍的温开水调入鸡蛋液中，搅拌均匀并用力振出气泡；将洗净的虫草放入鸡蛋液中，用保鲜膜包住装蛋液的碗；放入烧开的蒸锅中隔水蒸约 10 分钟；起锅时根据个人喜好撒上枸杞、葱花等即可食用。

6. 制作糕点或煲粥食用

有些药用菌可直接用于糕点制作或煲粥过程。我国自古以来就坚持"药食同源、上医治未病"思想，很多中药都可用于日常饮食，制成药膳，用于人体防病治病。做法很多，各举一例如下。

（1）茯苓糕。

原料：糯米粉 250 克，粳米粉 900 克，富强粉 120 克，茯苓粉 50 ~ 150 克，绵白糖 200 克，泡打粉、薄荷油、食用油等适量，水 450 毫升。

制作：①制糊粉。将粳米淘洗、浸泡后晾干，磨细，称为潮粉。②擦糕粉。根据配方比例要求在潮粉中加入富强粉、茯苓粉，混合均匀；将绵白糖加入适量水中，用糖水及食用菌和面，并加入适量薄荷油，擦细，适当调节水分，以松散、手紧握能成块为度。再用 16 目筛将糕粉筛一遍。③制糕坯。将糕粉倒入模具内压成糕坯。④熟制。熟制的方法有烘烤、微波烘烤和蒸制 3 种。a. 烘烤：将糕坯整齐摆放在烤盘内，在糕坯表面刷上食用油，调节好温度，把烤盘推入面包炉内。先在上火 230℃、下火 200℃ 条件下烘烤 3~4 分钟，然后调整上火 200℃、下火 150℃，继续烘烤 8 分钟。b. 微波烘烤：将糕坯整齐摆放在微波炉烤盘内，调节火力至中低功率，烘烤 2 分钟。c. 蒸制：蒸糕时不需要事先压模，应将擦好的糕粉用 16 目筛筛入蒸格内，抹平，上面用纱布盖好，隔水蒸熟。

按照上述方法制作的茯苓糕含水量适中，成品具有糕色自然、松软可口、微甜清香的特点，且略带茯苓风味，是一种具有食疗作用的美味食品。

（2）茯苓薏米粥。

原料：茯苓粉 25 克，薏米 25 克，大米 50 克，陈皮 5 克，冰糖适量。

制作：提前把茯苓粉放入小碗里，加入少量水泡 5 小时；薏米提前淘洗干净，用水泡 5 小时；大米提前淘洗干净，用水泡 5 小时。把泡好的茯苓粉、薏米、大米放入砂锅里，加入适量水；把砂锅放火上，大火煮沸后改小火熬粥。米粒煮熟后放入洗好的陈皮，按个人口味放入一些冰糖。熬粥过程中要经常搅动，熬至粥浓稠即可关火食用。该品适量服食可作为春夏潮湿季节的调养佳品。

第二节　家庭食用菌宴席

一、祝君体健

祝君体健是对全体与宴者的祝颂。菜名是用竹笋之"祝"、菌类之"君"、蹄筋肌腱之"体健"的谐音，应用烩的技法烹制而成。此菜荤素搭配合理，营养丰富，形色和谐、素雅，鲜香腴美，为寿宴之头菜。

（一）原料

半油发猪蹄筋 750 克，鲜草菇 100 克，鲜平菇 100 克，鲜猴头菇（或罐头）100 克，水发银耳 50 克，竹笋片 10 克，鲜嫩丝瓜 50 克，水发香菇 50 克，熟火腿片 25 克，绍酒 10 克，精盐 2.5 克，虾籽 1 克，鸡蛋清液 300 克，熟猪油 50 克。

（二）制作过程

（1）蹄筋去毛，去除老肉皮及污物、洗净；鲜草菇、平菇择去根蒂，洗净、焯水，放冷水中过凉，草菇一切为二，平菇切成长方片；鲜猴头菇用清水浸泡，并挤净苦水后焯水，切成大片；香菇去根蒂，洗净泥沙，切成大片；水发银耳去黄根洗净，撕成小朵；鲜嫩丝瓜切成长条，待用。

（2）炒锅上火，放入熟猪油 25 克，待油四成熟时，投入丝瓜煸炒，至呈翠绿色捞起；锅中放入鸡清汤、虾籽、绍酒，再放入蹄筋、草菇、平菇、猴头菇、香菇、银耳、竹笋片，烧沸，加精盐、丝瓜，用湿淀粉勾芡，淋入熟猪油 25 克，起锅装盘即成。

二、锦上添花

锦上添花意为好上加好。主料是金黄色的金针菇和晶莹洁白的银耳，成菜后花团锦簇、色彩艳丽、脆嫩鲜香而故名。此菜美观而味美，且营养全面、丰富，是寿宴中之佳肴。

（一）原料

鲜金针菇 20 克，水发银耳 30 克，青鱼肉 200 克，大青椒 50 克，鸡蛋清二只（10 克），香菜 10 克，绍酒 5 克，湿淀粉 10 克，干淀粉 5 克，精盐 2 克，熟猪油 750 克（蚝油 75 克），鸡清汤 20 克，味精 1 克。

（二）制作过程

（1）鲜金针菇去根蒂、杂质、洗净，入沸水锅中焯水，迅速捞出，放冷水中过凉，挤干水分，切成长 5 厘米的段；水发银耳焯水后撕成小片；香菜洗净后切成小段；青鱼肉切成 5 厘米长的丝，加精盐 1 克，鸡蛋清、干淀粉上浆；大青椒切成细丝。

（2）炒锅上火，放入熟猪油烧至四成熟时，放入青鱼肉丝划油至变色，倒入漏勺沥油；炒锅上火，舀入熟猪油 50 克，放入青椒丝，稍煸后加鸡清汤 20 克、精盐 1 克、味精 1 克，放入金针菇和银耳，用湿淀粉勾芡，倒入鱼丝，炒匀淋上少量熟猪油起锅装入盘中，再撒上香菜即成。

三、鲜花盛开

此菜用平菇、猪腰为主料，荤素搭配，营养合理。制作时将猪腰切菊花状花刀，炒后形状似朵朵艳丽奔放的秋菊，色彩艳丽，鲜嫩脆爽，喜气洋洋，满堂生色。

（一）原料

鲜平菇 20 克，猪腰 30 克，葱白段 25 克，精盐 1 克，酱油 15 克，绵白糖 10 克，绍酒 10 克，香醋 1.5 克，味精 1 克，湿淀粉 15 克，麻油 10 克，熟猪油 25 克（蚝油 75 克）。

（二）制作过程

（1）鲜平菇去蒂、去杂质、洗净，切成片；猪腰洗净，撕去皮膜，切成两半，去腰臊后，用刀在肉面上划十字花纹，再改刀成块，放盆中；葱白段切成雀舌段。

（2）炒锅上火，舀入猪油烧至六成熟时放入猪腰片，滑油至变色、开花时倒入漏勺沥油；原锅复上火，放入熟猪油 25 克，投入葱白、平菇略炒几下，加精盐、酱油、绵白糖、绍酒、味精炒匀，用湿淀粉勾芡倒入腰花，淋入香醋、麻油，颠锅炒匀、起锅装盘即成。

四、鹤发童颜

鹤发童颜即返老还童，意为老当益壮，越活越年轻，祝颂永葆青春。此菜选用白色毛茸茸的猴头菇和童子鸡同烧，营养十分丰富，为大补元阳的滋补佳肴。

（一）原料

鲜猴头菇20克，光仔鸡一只约1 250克，熟猪油75克，绍酒25克，精盐2克，味精1克，酱油10克，绵白糖10克，葱段、姜块等。

（二）制作过程

（1）猴头菇用水浸泡，挤去猴头菇内的黄苦水，改刀成块；光仔鸡去肠脏、剁成方块。

（2）炒锅上火，放入熟猪油50克，投入葱段、姜块，煸香后放入鸡块，煸干水分；放入猴头菇，加酱油、绍酒、绵白糖，清水淹没鸡骨。大火烧开后，转小火炖约1.5小时，再转大火收稠汤汁加味精即可。

第三节　家庭食用菌风味面食制作技术

食用菌具有很高的营养价值，其蛋白质含量高于一般蔬菜，尤其他的氨基酸种类比较全面，大多数菇类都含有人体所不可缺少的8种必需氨基酸，同时又富含多种维生素和矿物质元素如Na、K、Ca、Fe等，含有多糖等多种生理活性物质，其营养价值与保健作用是世人所公认的。因此，如果把食用菌子实体干粉添加到日常面食中，制作成蘑菇面包、馒头、面条、饼干、蛋糕等，不仅对化解食用菌过剩产能具重要作用，而且对改善主食风味、增强营养成分，进而增强人体体质具重要意义。本节重点介绍常见家庭食用菌风味主食的制作技术。

一、蘑菇面包制作技术

（一）原料

高筋面粉，食用菌粗粉（香菇、木耳、银耳、口蘑、平菇、杏鲍菇、蟹味菇、金针菇等任意一种），鸡蛋，白糖、酵母粉、奶粉、黄油、水、食盐等。

推荐配料比例为：面粉 450 克，食用菌粉 50 克，水 240 克，干酵母 10 克，鸡蛋 100 克，食盐 5 克，奶粉 50 克，黄油 25 克，白砂糖 90 克，可适量增减。

（二）制作过程

（1）配料。按推荐比例配料，将食用菌粗粉与面粉、干酵母、面粉改良剂、食盐、白砂糖等混合，使之充分混匀。

（2）和面。推荐用面包机进行和面，将上述配料直接混合后加水和面。若人工和面的话，先不加黄油，用力揉成面团，直到揉成光滑的面团为止。揉到面团稍微有点弹性的时候，加入黄油，继续用力揉，直至出现手膜。

（3）发酵。温度控制在 28～30℃，1 小时左右。用手指压面团法判断发酵成熟与否，将手指沾上面粉插入面团中，抽出手指后，指印四周不塌陷，也不立即弹回则表示面团已成熟。然后分块、成型、装盘。

（4）醒发。采用醒发箱。醒发温度控制在 38～40℃，醒发时间 60～90 分钟。

（5）烘烤。采用烘烤箱。烘烤温度为 100～220℃，时间 12～15 分钟。

（6）注意事项。①食用菌粉粒度不能过细，否则会影响面包的体积，所以制作面包时，以食用菌粗粉为宜，可以做成面包糠大小类似的粗粉进行添加。②以香菇、银耳、口蘑和黑木耳粗粉为最佳。③蘑菇粉的添加量不超过 5%。

（7）产品特点。与传统的面包相比，食用菌面包维生素、膳食纤维和矿物元素更加丰富，面包内部组织扎实、细腻，香味中带有蘑菇特有味道，口感更加润泽。

（三）实例——香菇面包制作

（1）配方及设备。高筋小麦面包粉 100 克、香菇柄粉 1.5 克、糖 20 克、酵母 1.5 克。EF–15 食品发酵箱；KW–40 电烤箱。

（2）原料预处理。将酵母置于 30℃温水进行活化，活化时加入少量白砂糖；将和面用的水调至 32℃。

（3）搅拌。将配方中高筋小麦粉、香菇粉、活化后酵母液、鸡蛋等和少量水放入和面机中，低速搅拌至形成小颗粒面团；加入黄油，调至高速搅拌，在面团面筋扩展阶段后期加入食盐，继续搅拌 2~3 分钟即可停止。

（4）面团发酵。将调好的面团放置在面包发酵箱中进行发酵，温度控制在 30℃，相对湿度 60%~70%，控制好面团的发酵时间在 90 分钟左右。发酵时间不宜太短，以防面包发酵时间不够导致面包体积小、面筋筋力不足；反之如果发酵时间过长面包过于松软、面筋拉伸过度。

（5）成型、醒发。将面团分割成大小均匀的圆形面坯，每个质量在 50 克左右，经搓圆、整形后放置在温度 32℃的恒温环境中进行醒发，醒发时间为 50~60 分钟。

（6）焙烤。将醒发好的面团置于烤箱内进行焙烤。烘烤温度为上火 190℃、底火 200℃，烘烤时间 15 分钟。焙烤过程是面包制作中非常关键的步骤。焙烤温度应根据时间进行调温，这样烤出的面包表面光滑。焙烤时间依温度高低而定，温度高烘焙时间短，反之则长。只有确定合适的温度和时间，才能烤出质量上佳的面包。同时在焙烤过程中，在面包表面涂上色拉油，防止干裂。

（7）冷却和包装。面包出炉后，自然冷却，面包中心温度在

35℃左右时立刻进行包装。

（8）产品特点。香菇营养面包的体积较小，这是由于香菇粉里含有膳食纤维，抑制了面筋对水的吸收，造成面团的可塑性和延展性下降、面包体积减小，但此时面包较饱满，光泽度较好，有弹性。香菇营养面包内在组织的蜂窝大小一致、壁薄、有韧性、无酸味、无异味，但面包较硬，柔软性不如一般的面包，但与一般面包相比，富有香菇的清香，并且面包的体积、水分、酸度均合格。

（四）平菇面包制作工艺参数

将平菇蒸煮熟化匀浆处理，以高筋小麦粉质量（100%）为基准，添加12%平菇浆料、14%白砂糖、15%油脂、6%鸡蛋、2%食盐、2%酵母、3%面包改良剂、47%～48%水。按照上述步骤制作的平菇面包表皮有光泽，颜色均匀一致，面包芯质地细腻，填充物均匀分布，口感松软，除有面包特有的发酵香气外，后味香甜，有平菇香气。

二、蘑菇馒头制作技术

（一）原料

中筋面粉或馒头专用面粉，食用菌干粉（香菇、木耳、银耳、口菇、平菇、杏鲍菇、蟹味菇、金针菇等任意一种），酵母粉、水。

（二）制作过程

（1）配料。将食用菌粉碎，过100目筛，滤去残渣，按照食用菌粉添加量最大5%的比例配成混合粉。

（2）和面。为保证酵母具有较高的活性，首先用温水活化酵母，将混合粉、酵母混合均匀，适量添加馒头改良剂，调制成面团。

（3）发酵。将面团放在恒温发酵箱中，发酵至面团有两倍体积大。

（4）成型。将发酵后的面团揉搓至表面光滑，制成大小一致的馒头生坯。

（5）醒发。将面坯再次放在恒温发酵箱中醒发 10~20 分钟。

（6）蒸制。电磁炉或蒸锅蒸制，待锅冒气后保持蒸制 15~20 分钟即可。

（7）注意事项。①在制作馒头时，发酵温度控制在 25~30℃ 为好，发酵时间不超过 90 分钟，防止过多产酸和面筋蛋白质的变性或溶解。②蘑菇粉的添加量不超过 5%，否则会有一定的苦味，优选木耳和银耳两种菌粉进行食用菌馒头的制作，其有一定的胶质性，做出的馒头口感好，味道佳，且有蘑菇淡淡的清香味。③使用食用菌过 100 目筛细粉添加到馒头中比较好，馒头口感好。

（8）产品特点。蘑菇馒头，外观随着食用菌种类和添加量的变化，会有颜色的差别，添加蘑菇粉后的馒头营养更加丰富，并有蘑菇独有的香味。

（三）实例——金针菇保健馒头制作

（1）原料及配方。面粉 95%，金针菇粉 5%，加水量 55%，酵母添加量 0.3%。

（2）金针菇粉的制作。用粉碎机将干燥好的金针菇粉碎后过 80 目的分样筛滤去残渣，得到细腻的金针菇粉备用。

（3）和面。将金针菇粉、白砂糖、面粉按配方比例要求称取，酵母、馒头改良剂用 34℃ 温水溶解活化，混合均匀，调制成面团。

（4）发酵。将调制好的面团放在温度 35℃，相对湿度 75% 的恒温发酵箱中发酵。

（5）成型。将发酵好的面团放于操作台（盖上湿布，防止面团干燥），揉搓至表面光滑，制成大小均匀的生坯。

（6）醒发。将面坯再次放在温度 35℃，相对湿度 75% 的恒温发酵箱中醒发 15 分钟。

（7）汽蒸。上火，待锅冒气后蒸制 15 分钟。关火出锅。

（8）产品特点。制得馒头外观形状、色泽、弹性及韧性等接近纯面粉馒头，但具有金针菇特有的菇香味及一定的保健价值。

三、蘑菇面条制作技术

(一) 原料

优选高筋面粉或面条专用面粉，食用菌干粉（香菇、木耳、银耳、口菇、杏鲍菇、蟹味菇、金针菇等任意一种），鸡蛋、六偏磷酸钠（可加可不加）、水。

(二) 制作过程

(1) 配料。将食用菌粉碎，过100目筛，滤去残渣，按照食用菌粉添加量最大5%的比例配成混合粉。或用蘑菇浸提液，用粉较好，能增加膳食纤维。

(2) 添加量。蘑菇粉1% ~ 5%，鸡蛋的添加量为8% ~ 10%，食盐应在1% ~ 1.5%，六偏磷酸钠适量。

(3) 和面。首先按比例取计量的蘑菇粉或浸提液，放置于干净容器中，逐渐加水并用木棒搅拌，使其均匀，时间不低于30分钟，并不断搅拌；按比例将鸡蛋、盐及六偏磷酸钠拌匀加入和面机器，加入面粉，和面数分钟，其间可补充适量的水，促使蘑菇粉与面粉均质。

(4) 压面。将和好的面团送入压面机中，压3 ~ 5遍，调至适宜厚度（1毫米）、切条。可直接煮制食用。

(5) 晾晒干燥。也可将切好的面条自然晾干后做成挂面，包装待售。

(6) 注意事项。①在制作面条时，食用菌菌粉尽量不要选择平菇粉，平菇菌粉添加面条容易煮烂、断条率高。②在和面时，可以用面条机或者面包机和面；人工和面需要进行反复揉面，这样出来的面才不容易断。③蘑菇粉的添加量不超过5%，否则面条易断。

(7) 产品特点。蘑菇粉添加面条有一种蘑菇特有的香味，尤其是香菇粉添加的面条，香味浓郁，营养更加丰富。

（三）实例——杏鲍菇保健挂面制作

（1）原料及配方。面粉92%，杏鲍菇菌粉8%，羧甲基纤维素钠0.4%，食盐添加量为1%。

（2）杏鲍菇菌粉制备。选择无病虫害、无虫蛀、无机械损伤的新鲜杏鲍菇为原料，60℃烘干、粉碎、过120目筛，制得杏鲍菇菌粉。

（3）和面。按配方要求称量面粉、杏鲍菇菌粉，混匀后再将食盐和羧甲基纤维素钠溶于适量的水中（25℃左右）。用25~30℃的水和面，和面机转速每分钟80~110转，和面时间为10~15分钟。一定要使面粉中蛋白质充分吸水膨胀。和面结束时，形成干湿适当、色泽均匀、松散的面坯，手握成团，轻揉散开呈颗粒状。

（4）熟化。将和好的面团静置熟化15分钟，熟化温度20~25℃。熟化可消除面团内应力，充分舒展面筋，改善面筋质量。

（5）压延、切条。将熟化后的面团反复辊压，使面团形成组织细密、相互粘连、薄厚均匀、光滑平整的面片，再将薄面片按规定宽度纵向切成厚度为1.5毫米左右、宽2毫米的面条。

（6）干燥。采用自然干燥方法。将切好的面条，悬挂晾干。干燥后切断，计量包装，即为成品。

（7）产品特点。按此配方、工艺生产的杏鲍菇挂面风味独特、耐煮爽口、韧性和黏性好、口感上佳，有一定保健作用，适合工业化生产。

四、蘑菇饼干制作技术

（一）原料

低筋面粉、食用菌干粉（香菇、木耳、银耳、口蘑、杏鲍菇、蟹味菇、金针菇等任意一种）、玉米油、食盐、鸡蛋、泡打粉（食用级）。

推荐配方：食用菌粉8克、低筋面粉92克、玉米油32克、食盐 0.5 克、泡打粉 3 克、全蛋液 34 克。

（二）制作过程

（1）面团调制。将低筋面粉、食用菌粉、泡打粉等混合均匀后加入食盐、蛋液和油进行和面，加少量水可很好地限制蛋白质吸水形成面筋，使面筋有限度地胀润并防止饼坯收缩变形。最终面团应该组织匀称、软硬适中、弹性适度，面团不粘手为宜。

（2）静置。如果调粉面筋形成不足，需要对面团静置 15～20 分钟，使面团的弹性、结合力、塑性等达到要求，从而改善并提高面片的工艺性能和饼干质量。

（3）成型。制成的面团放入压片机上压片（厚度 0.4 厘米），进一步用圆形模具压制成饼干坯（厚度为 0.4 厘米、直径为 4.5 厘米）。

（4）焙烤。将制成的饼干坯进行焙烤。烘烤温度为 180℃，时间 10～12 分钟为宜。烘烤时为避免饼干底部易糊，可以在烤盘上刷上薄薄一层油。烤至饼干外观呈棕黄色为止。

（5）注意事项。①每台烤箱由于型号等的不同，烘烤温度设置略有差异，推荐烘烤温度为 180℃，时间 10～12 分钟为宜，可根据实际情况进行调整。②食用菌粉可以用粗粉，也可以用过 100 目筛的细粉，可以适当地增加食用菌粉比例，这点不同于上述食用菌添加面条、面包等的制作。

（6）产品特点。蘑菇饼干由于食用菌菌粉的加入，口感更加酥脆可口，并带有浓郁的菌香味。

（三）实例——杏鲍菇饼干制作

（1）原料及配方。以低筋面粉为 100% 的量计算，杏鲍菇粉 15%，糖粉 35%，黄油 70%，全蛋液 15%，奶粉 5%。

（2）杏鲍菇粉制备。将杏鲍菇平铺在烤盘中，在 80℃ 条件下烘 2.5 小时后，取出采用粉碎机粉碎，细度要求 80 目以上。

（3）黄油打发。将称好的黄油软化放入搅拌机，搅打均匀至顺滑且颜色发白，然后再加入糖粉继续混合搅打直至发白，最后分多次加入已打散的鸡蛋继续打发至呈蓬松状态。

（4）面团调制。将杏鲍菇粉、面粉、奶粉按配方比例要求混合后过80目筛，分次均匀投入上述已打发好的油脂中慢速搅拌均匀，直至无明显面粉颗粒方可。需注意搅拌时间应尽量减短，以此来避免破坏面团的结构，影响饼干口感。

（5）挤注成型。采用挤注法成型，将调制好的面团放入带有裱花嘴的布口袋，均匀挤压成型。

（6）烘烤。将成型的饼干坯放入烤箱中烘烤。上火温度为190℃，下火温度为200℃，烘焙时间18分钟。注意观察饼干的色泽，至金黄色为止。

（7）冷却、整理、包装。将杏鲍菇饼干从烤箱取出后放置室温冷却，剔除不符合要求的饼干，对其进行封口包装，以免饼干吸潮。

（8）产品特点。杏鲍菇饼干外形完整，花纹清晰；色泽均匀，呈金黄色；口感松脆；具有杏鲍菇特有的味道，且有一种杏仁香味，无异味；断面结构呈细密的多孔状等特点，货架期可达100天左右。

五、蘑菇蛋糕制作技术

（一）原料

低筋面粉、食用菌干粉（香菇、木耳、银耳、杏鲍菇、蟹味菇、金针菇等任意一种），玉米油、鲜鸡蛋、白砂糖、牛奶。

推荐配方：食用菌粉5克、低筋面粉80克、鸡蛋5个、细砂糖25克（加入蛋黄中）、玉米油40克（其他无味食用油也可以）、牛奶40克（水替代也行）、细砂糖50克（加入蛋清中）。

（二）制作过程

（1）分蛋。用2个无油、无水干盆，分离好蛋清和蛋黄（分蛋一定要小心，可以借助分蛋器，不要把蛋黄弄破了）。

（2）搅拌。加入25克糖、40克玉米油（也可以用色拉油，黄油需熔化）、40克纯牛奶倒入蛋黄盆并用手动打蛋器搅拌均匀；称80克低筋面粉和5克食用菌粉筛入蛋黄盆，边筛边搅拌（不过筛容易结块，不容易混合均匀），把蛋黄糊搅拌均匀（采用Z字形方式搅拌）。

称50克糖，把50克糖分三次加入蛋清盆里打发，同时可以滴几滴柠檬汁或醋去腥味（注意蛋清盆和电动打蛋器要擦干净，要无水、无油、无蛋黄，否则无法打发），稍微打硬一点，把盆倒立蛋清霜也不会掉。

（3）混合。把蛋清盆里的蛋清霜分3次加入蛋黄糊盆里翻拌均匀。随后倒入蛋糕模具。

（4）烘烤。采用烤箱。上下火160℃，预热5分钟左右，即可导入模具进行烘烤。底火、面火控制在160℃，30~40分钟。

（5）注意事项。①优选食用菌细粉，黑木耳和银耳等胶质类蘑菇粗粉也可以进行添加。但注意食用菌粉添加量过多蛋糕易发生中心凹陷，所以添加量不超5%为宜。②面粉应事先过筛，搅拌时间不宜过长，以防形成过量面筋，降低蛋糕糊的可塑性，影响注模及成品的体积。③调好的面糊停放时间不宜过长。

（6）产品特点。添加蘑菇粉蛋糕，色、香、味、形俱佳，能增加食欲，促进消化吸收，并提高蛋糕的营养与保健品质。

（三）实例——平菇蛋糕制作

（1）原料及配方。低筋面粉100%，平菇粉4%，鸡蛋80%，水30%，蛋黄粉20%，蔗糖60%，蛋白糖0.05%~0.1%，木糖醇10%，疏松剂4%，柠檬酸0.9%，奶油0.35%，香兰素0.15%。

（2）甜味剂准备。按配方要求准备蔗糖、木糖醇、蛋白糖，混好备用。木醇糖代替部分蔗糖不会产生过多的能量，而蛋白糖代替部分蔗糖可使蛋糕口感更加疏松细腻。

（3）蛋黄浆准备。将蛋清与蛋黄分开，蛋黄与奶水、部分蔗糖、少量柠檬酸、酥油、平菇粉等混合，也可用蛋黄粉代替部分鲜蛋，搅匀成蛋黄糊，备用。

（4）蛋清糊准备。将蛋清入搅拌机或不锈钢盆中进行搅打，再将混合糖粉倒入蛋白浆中搅打，先慢后快，打至色白、泡沫细密且稳定，发涨度 2~3 倍，时间控制在 15~20 分钟。

（5）制面糊。先将蛋黄浆逐步均匀拌入部分蛋白浆中，混匀，接着将混合蛋糊与其余蛋白浆调匀，再将膨松剂、低筋面粉、奶油、香兰素等倒入蛋沫中，慢速和匀，顺时混搅 2~3 分钟，及时入模，以防面筋过量生成，以及防止沉底现象。

（6）入模。用模盘成型，预先在干净的不锈钢模盘内抹入熟油以防黏底。注入面糊量以满模具的 2/3~1/2 为宜。

（7）烘烤。烘烤温度控制在 185~205℃，烘烤时间 19~23 分钟。注意烘烤温度随不同设备有所变化。另外，操作中防止振动"走气"，最后以竹扦插入蛋糕，不带黏糊表明已烤熟。

（8）冷却包装。蛋糕出炉后，需冷却至室温包装。

（9）产品特点。此方法制作的平菇蛋糕表面金黄色、内部为乳黄色、色泽均匀一致、无斑点；内部组织细密，蜂窝均匀，无大气孔，无生粉、糖粒等疙瘩，无生心，富有弹性，膨松柔软；入口绵软甜香，松软可口，有蘑菇香味，无异味。

主要参考文献

曹德宾，李艳秋 . 2008. 食用菌加工实用技术系列之四——食用菌盐渍加工工艺［J］. 农业工程技术（温室园艺）（7）：43-43.

曹红妹，胡桂萍，石旭平，等 . 2019. 药用真菌桑黄的研究进展［J］，蚕业科学，45（2）：285-292.

陈晨，张洪，侯文博，等 . 2018. 挤压膨化食用菌粉制备及冲调工艺研究［J］. 中国果菜，38（9）：10-13，17.

陈龙，郭晓晖，李富华，等 . 2012. 食用菌膳食纤维功能特性及其应用研究进展［J］. 食品科学（11）：309-313.

陈美玲，徐峰 . 2018. 香菇柄素蹄休闲食品的研制［J］. 食用菌（2）：76-78.

陈秀丽，刘玉兵，贾健辉 . 2014. 香菇营养面包的研制［J］. 食品工程（1）：27-29.

程孟雅，杨亚兰，杨桥，等 . 2019. 食用菌多糖调控肠道菌群研究进展［J］. 食品与机械，35（10）：145-149.

春晨 . 1998. 金针菇酱油加工技术［J］. 应用科技（7）：10.

邓红 . 2011. 食用菌蜜饯的制作方法［J］. 农产品加工（10）：37-38.

邓利，李燮昕，吕龙，等 . 2019. 金耳的食药用价值与在食品工业中的应用研究概况 . 食药用菌，27（2）：112-116.

丁立，顾星海，陈瑶 . 2018. 挤压膨化技术及其在谷物早餐食品中的应用［J］. 粮食与食品工业，25（2）：60-61.

段振华 . 2003. 双孢蘑菇保鲜技术的研究进展［J］. 食品研究与开发，24（3）：111-112.

范如意，李丽华，李金婵，等 . 2018. 粉碎技术在食品工业中的应用［J］. 食品科技（15）：54-57.

范婷婷，孙文伶，冯翠萍. 2019. 香菇固体速食汤的研制［J］. 农产品加工（11）：16-19.

方芳，王强，刘红芝. 2010. HACCP 在双孢菇速冻保鲜加工中的应用［J］. 农产品加工（创新版）（8）：16-18，39.

方勇，王红盼，裴斐，等. 2016. 挤压膨化对金针菇—发芽糙米复配粉的消化特性及挥发性物质的影响［J］. 中国农业科学，49（23）：4606-4618.

冯志强. 2009. 浅谈食品粉碎机械的发展［J］. 质量技术监督研究（5）：54-56.

高永欣，胡秋辉，杨文建，等. 2013. 香菇饼干加工工艺优化与特征香气成分分析［J］. 食品科学，34（8）：58-63.

顾可飞，周昌艳，李晓贝. 2017. 食用菌的营养价值及药用价值［J］. 食品工业（10）：228-231.

郭尚，王慧娟. 2013. 食用菌深层发酵技术及其应用［J］. 山西农业科学（8）：123-126.

国文. 2001. 菇脯的制作新工艺［J］. 云南农业科技（1）：24.

韩伟. 2004. 蘑菇速冻工艺［J］. 蔬菜（6）：28-29.

贾胜德，陈立，朱朝辉. 2006. 挤压膨化工艺与设备的研究进展［J］. 农机化研究（8）：68-70.

蒋中华，刘晓龙. 2007. 食用菌加工贮藏200问［M］. 长春：吉林科学技术出版社.

孔凡真. 2001. 猴头菇脯加工技术［J］. 中国食用菌，20（2）：46.

李春银. 2006. 食用菌干制加工技术［J］. 农技服务（12）：25-25.

李焕勇，王丽. 1996. 食用菌保健面包的制作技术［J］. 食品科技（6）：13.

李丽娜. 2004. 挤压技术在食品工业中的应用［J］. 哈尔滨商业大学学报（自然科学版），20（2）：184-186.

李亚娇，孙国琴，等. 2017. 食用菌营养及药用价值研究进展［J］. 食药用菌（2）：103-109.

李玉. 2008. 中国食用菌产业现状及前瞻［J］. 吉林农业大学学报

（4）：76－80.

李志超.1990. 食用菌盐渍的原理与方法［J］. 山西农业科学
（10）：19－21.

刘晶晶，俞琴玉，蔡娇娇，等.2017. 杏鲍菇饼干的生产工艺及货
架期预测［J］. 食品工业科技，38，（1）：257－260.

刘浪浪，刘伦，刘军海.2009. 食用菌多糖研究热点及发展趋势
［J］. 化工科技市场，32（7）：37－40.

刘利.2013. 食用菌复合功能饮料的研发现状及趋势［J］. 食品科
技，38（12）：110－114.

鲁飞飞，方兆华.2013. 食用菌的皮肤护理功效以及在化妆品中的
应用［J］. 日用化学品科学，36（8）：31－35.

吕德平，王婷婷，陈旭.2013. 食用菌饮料研究进展［J］. 中国食
用菌，32（4）：1－3.

吕远平，赵志峰，谭敏，等.2007. 麻辣金针菇休闲食品的工艺研
究［J］. 食品科学，28（4）：371－373.

吕作舟.2009. 食用菌保鲜加工员培训教材［M］. 北京：金盾出版社.

罗志刚.2007. 香菇纤维面包的研制［J］. 粮油加工（2）：73－74.

马静，邱彦芬，岳诚.2019. 毛木耳食药用价值述评［J］. 食药用
菌，27（5）：312－315.

马征祥，陈相艳，弓志青，等.2016. 食用菌休闲食品的研究开发
现状及展望［J］. 中国食物与营养，22（6）：33－36.

彭凌，贺新生.2011. 红平菇蛋糕的配方优选［J］. 农业机械（1）：
122－126.

史琦云，郭玉蓉，陈德蓉.2004. 食用菌多糖提取工艺研究［J］.
食品工业科技，25（2）：98－100.

隋明，张彩，张崇军，等.2020. 冬虫夏草药理学作用的研究［J］.
南方农机（5）：104.

王雪冰，赵天瑞，樊建.2010. 食用菌多糖提取技术研究概况［J］.
中国食用菌（2）：5－8.

王玉川.2005. 冻干速溶汤块的研制［J］. 食品科技（7）：33－35.

翁梁.2014. 杏鲍菇保健挂面的研制［J］. 现代面粉工业（4）：31－33.

吴苹.2007. 食用菌的干制加工 [J]. 农民文摘 (12): 32-32.

向莹, 陈健.2013. 滑子菇营养成分分析与评价 [J]. 食品科学, 34 (6): 238-242.

谢瑞红, 王顺喜, 谢建新, 等.2009. 超微粉碎技术的应用现状与发展趋势 [J]. 中国粉体技术 15 (3): 64-67.

徐兴阳, 梁文明, 邵卓, 等.2016. 香菇粉挤压膨化产品研发及其性质研究 [J]. 食品研究与开发, 37 (1): 85-89.

徐梓杰.2019. 食用菌的营养价值及产业发展态势综述 [J]. 食品安全导刊, 230 (3): 157.

许俊齐, 贾君, 徐超, 等.2019. 白灵菇即食产品加工工艺研究 [J]. 食品研究与开发, 40 (17): 153-157.

薛志成.2004. 菇脯制作工艺 [J]. 农业科技与信息 (4): 41.

严明.2018. 金针菇脯加工工艺 [J]. 农村百事通 (20): 41.

杨国力, 陈喜君, 王辉, 等.2015. 菌物药研究现状与产业展望 [J]. 食用菌 (2): 3-6.

杨红叶.2019. 超微粉碎技术的研究应用现状 [J]. 食品安全导刊 (12): 149.

杨瑞丽, 邸倩倩, 刘斌, 等.2012. 冰温贮藏库构造关键技术 [J]. 制冷技术, 32 (4): 5-7.

杨文建, 王柳清, 胡秋辉.2019. 我国食用菌加工新技术与产品创新发展现状 [J]. 食品科学技术学报 (3): 13-18.

杨文建, 王柳清, 胡秋辉.2019. 我国食用菌加工新技术与产品创新发展现状 [J]. 食品科学技术学报, 37 (3): 13-18.

叶春苗.2011. 香菇保健香肠制作工艺研究 [J]. 农业科技与装备 (199): 26-27, 31.

殷坤才, 沈业寿, 黄训端, 等.2010. 超高压技术在食用菌加工中的应用研究 [J]. 农产品加工学刊 (6): 12-14, 50.

曾辉.2010. 蘑菇酱油酿造工艺初探 [J]. 福建轻纺 (1): 42-45.

张福君, 瞿晶田, 王强.2018. 超微粉碎技术对灵芝中三萜类成分溶出的影响 [J]. 中国药房, 29 (5): 599-602.

张广铸, 陈忠鸣, 梁桂余.1992. 食用菌宴席菜谱 [J]. 中国食用

菌 (5): 40 - 41.

张辉,乔勇进,张娜娜,等.2014.冰温贮藏过程中蟹味菇几种营养成分变化的动力学特征 [J].现代食品科技 (4): 124 - 129.

张金霞,陈强,黄晨阳,等.2015.食用菌产业发展历史、现状与趋势 [J].菌物学报 (4): 21 - 37.

张霞,李琳,李冰.2010.功能食品的超微粉碎技术 [J].食品工业科技,31 (11): 375 - 378.

张瑶,李凤,罗婷,等.2017.茶树菇中营养成分分析 [J].广东化工,44 (13): 123.

张志军,刘建华.2004.食用菌类食品的开发利用 [J].食品研究与开发 (1): 21 - 24.

张宗蕊,马昱,李爽,等.2019.猴头菇的营养成分及保健制品开发研究进展 [J].吉林医药学院学报,40 (4): 297 - 299.

赵玲玲,王月明,王文亮,等.2017.金针菇保健馒头制作工艺的研究 [J].农产品加工 (2): 28 - 31.

赵爽,刘宇,许峰,等.2013.毛木耳多糖降血脂功效研究 [J].食品科技,38 (6): 192 - 195.

钟炼军,王强,张建斌.2019.天然食用菌多糖物质及提取开发应用研究 [J].中国食用菌,38 (4): 5 - 7.

周国英,兰贵红,何小燕.2004.食用菌多糖研究开发进展 [J].实用预防医学 (1): 211 - 212.

周红,李开雄,胡建军,等.2004.营养保健鸡腿菇香肠加工工艺 [J].肉类工艺 (4): 19 - 20.

周玲.2019.茶树菇菜谱 [J].食用菌,41 (6): 78.

周悦.2019.食用菌素肠的制备工艺研究 [J].粮食深加工及食品,44 (10): 114 - 118.

周州,许晓燕,罗舒,等.2019.食用菌调味品现状及发展趋势探讨 [J].四川农业科技 (10): 78 - 80.

附录 I　食用菌贮藏加工相关标准名录

GB 50072—2010　冷库设计规范

GB/T 30134—2013　冷库管理规范

GB 7096—2014　食用菌及其制品

GB 7101—2015　饮料

GB 16565—2003　油炸小食品卫生标准

GB 18186—2000　酿造酱油

GB/T 4789.21—2003　食品卫生微生物检验　饮料

GB/T 4789.22—2003　食品卫生微生物检验　调味品

GB/T 4789.24—2003　食品卫生微生物检验　蜜饯

GB/T 12533—2008　食用菌杂质测定

GB/T 14151—2006　蘑菇罐头

GB/T 29344—2012　灵芝孢子粉采收及加工技术规范

GB/T 34317—2017　食用菌速冻品流通规范

GB/T 34318—2017　食用菌干制品流通规范

GB/Z 35041—2018　食用菌产业项目运营管理规范

NY/T 1204—2006　食用菌热风脱水加工技术规范

NY/T 1677—2008　破壁灵芝孢子粉破壁率的测定

NY/T 1061—2006　香菇等级规格

NY/T 1790—2009　双孢菇等级规格

NY/T 1836—2010　白灵菇等级规格

NY/T 1838—2010　黑木耳等级规格

NY/T 3418—2019　杏鲍菇等级规格

NY/T 2715—2015　平菇等级规格

NY/T 1934—2010 双孢菇金针菇贮运技术规范

NY/T 2117—2012 双孢菇冷藏及冷链运输技术规范

NY/T 3220—2018 食用菌包装及储运技术规程

QB/T 4630—2014 香菇肉酱罐头

QB/T 4706—2014 调味食用菌类罐头

QNZM0002S—2019 - 0211 香菇酱 企标

SB/T 10717—2012 栽培蘑菇冷藏及冷藏运输指南

SB/T 11099—2014 食用菌流通规范

SN/T 0626.7—2016 进出口速冻蔬菜检验规程 食用菌

SN/T 0631—1997 出口脱水蘑菇检验规程

SN/T 4255—2015 出口蘑菇罐头质量安全控制规范

TAHPCA009—2019 破壁灵芝孢子粉 团体标准安徽

TZZB0474—2018 破壁灵芝孢子粉 团体标准浙江

附录Ⅱ 常见食药用菌及加工产品形态图

常用食用菌鲜品形态图（一）

香菇 黑木耳

平菇 杏鲍菇

白金针菇 黄金针菇

双孢菇 灰树花

常用食用菌鲜品形态图（二）

白玉菇　蟹味菇

茶树菇　滑子菇

毛木耳　羊肚菌

大球盖菇　白灵菇

常用食用菌鲜品形态图（三）

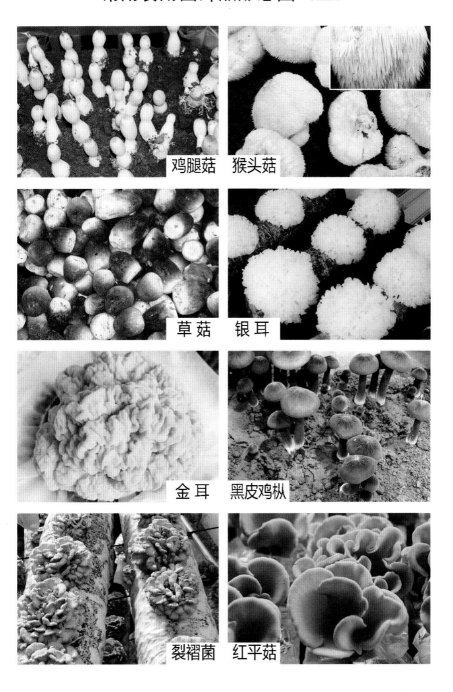

鸡腿菇　猴头菇

草菇　银耳

金耳　黑皮鸡枞

裂褶菌　红平菇

常见药用菌子实体形态图

灵芝　猪苓

茯苓　蛹虫草

冬虫夏草　桑黄

食用菌干制与干制产品

自然干制　烘干设备

香菇干品　黑木耳干品

茶树菇干品　滑子菇干品

毛木耳干品　羊肚菌干品

食用菌加工产品

香菇脆片

灰树花片

奶油蘑菇汤

香菇酱

虫草酒

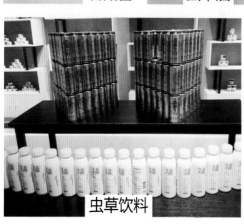
滑子菇罐头

虫草饮料

灵芝孢子粉